U0244276

2021年国家社会科学基金青年项目
"金融集聚对城市绿色经济发展的空间溢出及影响机制研究"（21CJY042）阶段研究成果

国家"双一流"建设学科
辽宁大学应用经济学系列丛书
青年学者系列
总主编◎林木西

减排和经济结构调整条件下的中国碳定价问题研究

Research on Carbon Pricing in China under the Conditions of
Carbon Abatement and Economic Structural Adjustment

高翠云　著

中国财经出版传媒集团
经济科学出版社
Economic Science Press

图书在版编目（CIP）数据

减排和经济结构调整条件下的中国碳定价问题研究/
高翠云著 . —北京：经济科学出版社，2021. 12
（辽宁大学应用经济学系列丛书 . 青年学者系列）
ISBN 978 - 7 - 5218 - 3161 - 0

Ⅰ . ①减… Ⅱ . ①高… Ⅲ . ①二氧化碳 - 排污交易 -
计价法 - 研究 - 世界 Ⅳ . ①X511

中国版本图书馆 CIP 数据核字（2021）第 249544 号

责任编辑：于 源 侯雅琦
责任校对：王肖楠
责任印制：范 艳

减排和经济结构调整条件下的中国碳定价问题研究
高翠云 著
经济科学出版社出版、发行 新华书店经销
社址：北京市海淀区阜成路甲 28 号 邮编：100142
总编部电话：010 - 88191217 发行部电话：010 - 88191522
网址：www. esp. com. cn
电子邮箱：esp@ esp. com. cn
天猫网店：经济科学出版社旗舰店
网址：http：//jjkxcbs. tmall. com
北京季蜂印刷有限公司印装
710×1000 16 开 15. 75 印张 235000 字
2021 年 12 月第 1 版 2021 年 12 月第 1 次印刷
ISBN 978 - 7 - 5218 - 3161 - 0 定价：62. 00 元
（图书出现印装问题，本社负责调换。电话：010 - 88191545）
（版权所有 侵权必究 打击盗版 举报热线：010 - 88191661
QQ：2242791300 营销中心电话：010 - 88191537
电子邮箱：dbts@ esp. com. cn）

总　序

　　本丛书为国家"双一流"建设学科"辽宁大学应用经济学"系列丛书，也是我主编的第三套系列丛书。前两套系列丛书出版后，总体看效果还可以：第一套是《国民经济学系列丛书》（2005年至今已出版13部），2011年被列入"十二五"国家重点出版物出版规划项目；第二套是《东北老工业基地全面振兴系列丛书》（共10部），在列入"十二五"国家重点出版物出版规划项目的同时，还被确定为2011年"十二五"规划400种精品项目（社科与人文科学155种），围绕这两套系列丛书取得了一系列成果，获得了一些奖项。

　　主编系列丛书从某种意义上说是"打造概念"。比如说第一套系列丛书也是全国第一套国民经济学系列丛书，主要为辽宁大学国民经济学国家重点学科"树立形象"；第二套则是在辽宁大学连续主持国家社会科学基金"八五"至"十一五"重大（点）项目，围绕东北（辽宁）老工业基地调整改造和全面振兴进行系统研究和滚动研究的基础上持续进行探索的结果，为促进我校区域经济学学科建设、服务地方经济社会发展做出贡献。在这一过程中，既出成果也带队伍、建平台、组团队，使得我校应用经济学学科建设不断跃上新台阶。

　　主编这套系列丛书旨在使辽宁大学应用经济学学科建设有一个更大的发展。辽宁大学应用经济学学科的历史说长不长、说短不短。早在1958年建校伊始，便设立了经济系、财政系、计统系等9个系，其中经济系由原东北财经学院的工业经济、农业经济、贸易经济三系合成，财税系和计统系即原东北财经学院的财信系、计统系。1959年院系调整，将经济系留在沈阳的辽宁大学，将财政系、计统系迁到大连组建辽宁财经学院（即现东北财经大学前身），将工业经济、农业经济、贸易经济三个专业的学生培养到毕业为止。由此形成了辽宁大学重点发展理论经济学（主要是政治经济学）、辽宁财经学院重点发展应用经济学的大体格局。实际上，后来辽宁大学也发展了应用经济学，东北财经大学也发展了理论经济学，发展得都不错。1978 年，辽宁大学恢复招收工业经济本科生，1980 年受人民银行总行委托、经教育部批准开始招收国际金融本科生，1984 年辽宁大学在全国第一批成立了经济管理学院，增设计划统计、会计、保险、投资经济、国际贸易等本科专业。到 20世纪 90 年代中期，辽宁大学已有西方经济学、世界经济、国民经济计划与管理、国际金融、工业经济 5 个二级学科博士点，当时在全国同类院校似不多见。1998 年，建立国家重点教学基地"辽宁大学国家经济学基础人才培养基地"。2000 年，获批建设第二批教育部人文社会科学重点研究基地"辽宁大学比较经济体制研究中心"（2010 年经教育部社会科学司批准更名为"转型国家经济政治研究中心"）；同年，在理论经济学一级学科博士点评审中名列全国第一。2003 年，在应用经济学一级学科博士点评审中并列全国第一。2010 年，新增金融、应用统计、税务、国际商务、保险等全国首批应用经济学类专业学位硕士点；2011年，获全国第一批统计学一级学科博士点，从而实现经济学、统计学一级学科博士点"大满贯"。

在二级学科重点学科建设方面，1984 年，外国经济思想史（即后来的西方经济学）和政治经济学被评为省级重点学科；1995 年，西方经济学被评为省级重点学科，国民经济管理被确定为省级重点扶持学科；1997 年，西方经济学、国际经济学、国民经济管理被评为省级重点学科和重点扶持学科；2002 年、2007 年国民经济学、世界经济连续两届被评为国家重点学科；2007 年，金融学被评为国家重点学科。

在应用经济学一级学科重点学科建设方面，2017 年 9 月被教育部、财政部、国家发展和改革委员会确定为国家"双一流"建设学科，成为东北地区唯一一个经济学科国家"双一流"建设学科。这是我校继

1997 年成为"211"工程重点建设高校 20 年之后学科建设的又一次重大跨越，也是辽宁大学经济学科三代人共同努力的结果。此前，2008 年被评为第一批一级学科省级重点学科，2009 年被确定为辽宁省"提升高等学校核心竞争力特色学科建设工程"高水平重点学科，2014 年被确定为辽宁省一流特色学科第一层次学科，2016 年被辽宁省人民政府确定为省一流学科。

在"211"工程建设方面，在"九五"立项的重点学科建设项目是"国民经济学与城市发展"和"世界经济与金融"，"十五"立项的重点学科建设项目是"辽宁城市经济"，"211"工程三期立项的重点学科建设项目是"东北老工业基地全面振兴"和"金融可持续协调发展理论与政策"，基本上是围绕国家重点学科和省级重点学科而展开的。

经过多年的积淀与发展，辽宁大学应用经济学、理论经济学、统计学"三箭齐发"，国民经济学、世界经济、金融学国家重点学科"率先突破"，由"万人计划"领军人才、长江学者特聘教授领衔，中青年学术骨干梯次跟进，形成了一大批高水平的学术成果，培养出一批又一批优秀人才，多次获得国家级教学和科研奖励，在服务东北老工业基地全面振兴等方面做出了积极贡献。

编写这套《辽宁大学应用经济学系列丛书》主要有三个目的：

一是促进应用经济学一流学科全面发展。以往辽宁大学应用经济学主要依托国民经济学和金融学国家重点学科和省级重点学科进行建设，取得了重要进展。这个"特色发展"的总体思路无疑是正确的。进入"十三五"时期，根据"双一流"建设需要，本学科确定了"区域经济学、产业经济学与东北振兴""世界经济、国际贸易学与东北亚合作""国民经济学与地方政府创新""金融学、财政学与区域发展""政治经济学与理论创新"五个学科方向。其目标是到 2020 年，努力将本学科建设成为立足于东北经济社会发展、为东北振兴和东北亚区域合作做出应有贡献的一流学科。因此，本套丛书旨在为实现这一目标提供更大的平台支持。

二是加快培养中青年骨干教师茁壮成长。目前，本学科已形成包括长江学者特聘教授、国家高层次人才特殊支持计划领军人才、全国先进工作者、"万人计划"教学名师、"万人计划"哲学社会科学领军人才、国务院学位委员会学科评议组成员、全国专业学位研究生教育指导委员会委员、文化名家暨"四个一批"人才、国家"百千万"人才工程入选者、国家级教学名师、全国模范教师、教育部新世纪优秀人才、教育部高等学校教学指导委员会主任委员和委员、国家社会科学基金重大项目首席专家等在内的学科团队。本丛书设学术、青年学者、教材、智库四个子系列，重点出版中青年教师的学术著作，带动他们尽快脱颖而出，力争早日担纲学科建设。

三是在新时代东北全面振兴、全方位振兴中做出更大贡献。面对新形势、新任务、新考验，我们力争提供更多具有原创性的科研成果、具有较大影响的教学改革成果、具有更高决策咨询价值的智库成果。丛书的部分成果为中国智库索引来源智库"辽宁大学东北振兴研究中心"和"辽宁省东北地区面向东北亚区域开放协同创新中心"及省级重点新型智库研究成果，部分成果为国家社会科学基金项目、国家自然科学基金项目、教育部人文社会科学研究项目和其他省部级重点科研项目阶段研究成果，部分成果为财政部"十三五"规划教材，这些为东北振兴提供了有力的理论支撑和智力支持。

这套系列丛书的出版，得到了辽宁大学党委书记周浩波、校长潘一山和中国财经出版传媒集团副总经理吕萍的大力支持。在丛书出版之际，谨向所有关心支持辽宁大学应用经济学建设与发展的各界朋友，向辛勤付出的学科团队成员表示衷心感谢！

林木西

2019 年 10 月

前　言

　　基于国家统计局数据，自 1978 年改革开放至 2011 年左右，中国 GDP 呈现年均 10% 的快速增长，使得中国成为全球第二大经济体。然而经济的高速增长是基于化石能源的大量消耗实现的，能源的低效消耗导致自然资源减少及污染加重，从而引发百年来的气候波动异常，成为各国经济可持续发展的阻碍因素。因此，为缓解全球性的气候变动，以碳减排为代表的污染治理措施逐步出台。与此同时，自 2011 年来中国经济呈现出不同于前 30 年的特征，GDP 增速的持续下滑意味着中国进入新常态经济增长模式。由此，控制以碳为代表的温室气体排放与维持经济中高速增长是中国现阶段发展的两大难题。在这种背景下，将碳排放外部成本内部化的市场机制很可能对中国减排活动与经济结构调整的路径产生影响，价格作为市场机制运行的核心，既提供了减排成本作为参考，又有助于引导控排单位生产方式的转变，服务于中国经济转型升级；反过来，减排与经济结构调整又会对市场价格的确定与波动产生影响。因此，在减排和经济结构调整条件下的中国碳定价问题，关键在于明确两者之间的相互影响机制，确定碳价形成与运行的影响因素，进而分析碳价区间，并明确碳价格溢出效应。

　　本书按照"减排与碳价的互动机理—经济结构调整与碳价的互动机理—减排与经济结构调整条件下的碳定价—碳价的溢出效应—碳价管理中存在的问题—政策建议"的逻辑思路，对中国碳权现货市场价格的确定与变动进行研究，以确立一个满足现阶段中国减排与经济发展需要的碳价分析框架。首先，在梳理文献的基础上，本书分别研究了减排、经济结构调整与碳价的互动机理，明确了碳价格信号对减排和经济结构调整的激励与约束机理，以及减排和经济结构调整对碳价的反馈机制，并确定了两者动态均衡条件。然后，从数理角度分析了碳价形成与运行的影响因素，明确碳价区间，并基于中国减排指标和经济转型升级要求测算"十三五"阶段全国碳价上限。最后，分析中国当前碳交易市场配额价格面临的溢出效应和管理问题，进而提出针对性的政策建议。由于写作周期的原因，导致数据及研究背景大多集中在 2014~2020 年，但考虑到全国统一碳市场开市运行仅一年有余，并仅纳入了发电行业，目前全国碳市场的定价体系仍待完善。作为中国碳价定价机制研究，本书适宜作为 2021~2025 年的研究成果，在现阶段"双碳"目标的背景之下，具有历史参考意义。

本书探讨了基于市场手段的二氧化碳减排流程和中国碳价形成的机制，研究表明，主管机构通过对投入市场的配额总量进行阶段性下调，碳权配额稀缺性的增加导致碳价上升，从而促使生产者进行绿色技术创新与改造，完成碳减排要求；采用倍差法与半参数倍差法分析了中国试点碳市场的减排能力，结果表明，中国试点碳市场对碳总量的变动无影响，但能够降低碳强度指标，这主要由于试点地区配额总量是基于碳强度减排指标测算所得的。此外，本书基于全域非径向方向性距离函数及其对偶函数测度了各地区碳影子价格，以明确碳减排过程中减排成本与碳价随之增加；同时构建了"碳效率幻觉"指标，提出中国陷入效率幻觉的主要原因是碳排放影子价格增速高于碳生产率的增速。

在分析了减排与碳价的互动机理的基础上，本书阐明了经济结构调整与碳价的互动机理。在明确相互影响机制之前，首先，本书探讨了中国现阶段经济结构调整的特征，主要包括动态演变特征、区域异质特征与空间集群特征，提出中国各地区经济结构转型升级的共性与特性。其次，采用数理模型推导碳价提高全要素绿色生产率、促进碳脱钩的机理，并采用倍差法与半参数倍差法进行验证，研究表明，基于价格机制的碳市场不会损害中国的经济发展，而是能够促使碳排放与经济增长脱钩，有效改善经济结构。再次，本书从理论与实证角度分析了经济结构调整对碳影子价格的影响，基于面板模型探究产业结构、能源结构、固定资产投资、出口与研发等因素对碳影子价格的影响，结果表明，产业结构和固定资产投资与碳排放影子价格有显著的正相关关系，能源消费结构与碳排放影子价格有显著的负相关关系。最后，提出经济结构调整与碳价的互动均衡机制。

在明确了减排、经济结构调整与碳价间的互动机理的基础上，本书论述了碳定价的相关基础理论，并从数理角度明确了碳价的形成与相应的影响因素，从理论角度探究了碳价的区间，碳价的上限为碳排放影子价格，碳价的下限为增加一单位减排而产生的生产成本，即减排技术投资的边际成本。同时，基于"十三五"规划中的经济增长要求和碳减排要求，设定了经济发展水平与能源消耗、碳排放之间的动态关系，进而测算了满足"十三五"阶段地区与全国层面的碳排放影子价格，并设定了不同的情景模式，通过改变经济增速的假设分析不同情况下的碳价上限，研究表明，在"十三五"规划阶段中，全国碳权配额价格上限维持在 300 元/吨~500 元/吨。

在减排和经济结构调整条件下的碳定价研究基础上，本书进一步分析了试点碳市场运行过程中存在的溢出效应，基于市场分割、市场有效性假说、经验法则和传染效应等理论阐述了碳市场溢出效应的原因，并基于以上原因具体分为两个溢出效应渠道，即各市场之间存在一系列属性相似的基本因素和预期因素；本书采用六元非对称 t 分布的 VAR - GARCH - BEKK 模型与社会网络分析法对除重庆外的六个碳交易市场进行价格收益率与波动率的溢出效应研究，并计算溢出效应网络的密度、关联度和度数中心度等相关指标。研究发现，虽然各试点碳市场政策制度与交易价格存在区别，但六个碳市场之间均表现出一定程度的非对称溢出效应，其满足碳交易市场整合要求与价格调控目标。

另外，本书提出碳价管理措施，以及中国碳市场构建与运行中面临的问题，其主要包括履约驱动、履约推迟与流动性困境等现象，随后从理论角度论述了有效碳价格形成的基础以及碳价格与流动性的互动机制。接着采用面板 VAR 进行模型构建，探究市场流动性、收益率与波动率的动态关联，以明确碳价管理中出现的问题与困境。研究表明，碳市场面临着低流动性的困扰，影响了碳市场的效率和助力减排的目的。市场机制下的价格管理措施较强制交易政策更优，政府调控应主要以保证市场的可持续发展与弥补市场失灵为主要目的；考虑碳市场的成熟度，应区分履约窗口期与其他时间下碳市场价格与成交量的差异，进而采用不同策略进行管理，以保证碳市场的有效运行。此外，本书从提升碳市场定价效率与全国碳市场和试点碳市场连接等方面提出了相应的政策建议。

目　　录

第一章

绪　　论

第一节　研究背景与研究意义

为促进本国社会与经济发展的需要，自 18 世纪 60 年代工业革命开始，化石能源与机器的大量使用引起国内生产总值（Gross Domestic Product，GDP）的急剧增加并促进城镇化的快速发展，使得全球步入新时代。然而能源的消耗不仅造成了自然资源的减少，更引发了各国污染的加剧，从而引起百年来的气候波动异常。2013 年 5 月，二氧化碳大气浓度已超 400PPM，达到 300 万年来最高纪录；《全球能源回顾：2021 年二氧化碳排放》报告指出，2021 年，全球能源领域二氧化碳排放量达 363 亿吨；目前，甲烷和一氧化二氮等温室气体浓度也已达到最高值。随着时间推移，全球温室效应、酸雨与臭氧层破坏等环境污染越发严重，因此，为缓解世界性的气候变动，以碳减排为代表的污染治理措施逐步出台，碳减排活动开始被世界各国视为与维持经济发展同等重要的宗旨与目标。

一、研究背景

为给世界范围内研究领域和决策层提供科学有效的气候变动数据以

及探究气候变动对全球社会、经济造成的可能性影响,世界气象组织
(World Meteorological Organization, WMO) 和联合国环境规划署 (United Nations Environment Programme, UNEP) 于 1988 年成立联合国政府间气候变化专门委员会 (Intergovernmental Panel on Climate Change, IPCC)。自 IPCC 成立以来,截至 2018 年,已发表 5 次评估报告,2013 年 9 月的第五次评估报告指出,在 RPC8.5 情境下,21 世纪末的高温事件将更为频繁。1992 年 6 月,联合国政府间谈判委员会签订了世界首个二氧化碳控排国际公约,即《联合国气候变化框架条约》(United Nations Framework Convention on Climate Change, UNFCCC),该公约明确了发达国家与发展中国家环境保护合作的根本框架。随后,《京都议定书》(Kyoto Protocol) 作为《联合国气候变化框架条约》的补充条款,于 1997 年 12 月在日本签订。该议定书明确了附件一国家的二氧化碳 (CO_2)、甲烷 (CH_4) 等 6 类温室气体减排指标,同时构建了国际排放贸易机制 (International Emissions Trading, IET)、联合履行机制 (Joint Implementation, JI) 和清洁发展机制 (Clean Development Mechanism, CDM)。该议定书只规定了发达国家的控排目标,对发展中国家并没有强制约束,但为了承担国际减排责任并缓解环境压力,在 2009 年哥本哈根气候变化大会上,时任国务院总理温家宝宣告中国将在 2020 年单位 GDP 二氧化碳排放比 2005 年下降 40%~45%。"十一五"规划提出,单位 GDP 的一次能耗相比 2005 年降低了 20%;"十二五"规划提出,单位 GDP 碳排放较 2010 年降低了 17%,同时规定了中国各省份碳强度减排指标;在 2015 年的巴黎气候大会上,提出 2030 年单位 GDP 的二氧化碳排放量比 2005 年下降 60%~65%、2030 年左右化石能源消费的二氧化碳排放达到峰值等指标。2016 年制定的"十三五"规划提出,到 2020 年,单位 GDP 的二氧化碳排放量比 2015 年下降 18%,且碳总量得到有效控制。为实现这些指标,中国通过改善能源消费结构、提高能源经济效率与加大立法力度等方式促进碳减排活动。

在环境污染与减排承诺的双重压力下,2011 年 10 月 29 日,国家发展改革委办公厅发布《关于开展碳排放权交易试点工作的通知》。该项

通知提出，运用市场机制，以较低成本实现 2020 年控排温室气体的指标，加快经济发展方式转变和产业结构升级，同意"两省五市"① 开展碳权交易试点工作。并要求各地区主管部门通过编制碳权试点实施方案，明确相关的工作思路与目标，制定相应的碳权交易管理办法以保障试点工作的顺利进行。2011 年 12 月 1 日，国务院颁布《"十二五"控制温室气体排放工作方案》，提出开展碳排放权交易试点，制定碳权分配方案，以形成碳权交易体系。2012 年 6 月 13 日，发改委发布《温室气体自愿减排交易管理暂行办法》，规定核证自愿减排量（Chinese Certified Emission Reduction，CCER）可用于抵消交易机构中碳排放的减排量。2013 年 6 月 19 日~2014 年 6 月 19 日，七个碳交易试点全部开市交易②。2016 年 10 月 27 日，国务院颁布《"十三五"控制温室气体排放工作方案》，提出建立全国碳排放权交易制度，启动运行全国碳排放权交易市场。

在试点市场初步开市交易后，2014 年 3 月 1 日，广东省二级市场出现成交量，3 月 14 日迎来首笔机构投资者交易，以 63 元/吨的价格成交；2014 年 4 月，重庆联交所正式获批进行碳排放权交易，意味着重庆距正式进行碳交易又进了一步；2014 年 4 月 9 日，湖北市场成交 7.7 万吨，使得湖北市场在五个交易日内成交总量突破百万吨大关，达到 105.5 万吨，成交额共 2500 多万元，累计全国总量第一，呈现供不应求的情形；2014 年 4 月 9 日，甘肃省同意设立碳权交易中心；2014~2017 年的 6~7 月，已开市的碳交易试点进入履约期。从 2014 年各地区③首次履约情况来看，各地区最终履约率均达 95%，由于违约将受严厉惩罚，因此欧盟体系内 2005~2009 年受管制排放源遵约率保持在 98% 以上，而国内由于履约成本与惩罚水平不对称的问题，导致企业履

① "两省五市"分别为湖北省、广东省、北京市、天津市、上海市、深圳市与重庆市。
② 各试点碳市场正式开市交易日期：北京碳市场为 2013 年 11 月 28 日，天津碳市场为 2013 年 12 月 26 日，上海碳市场为 2013 年 12 月 19 日，湖北碳市场为 2014 年 4 月 2 日，广东碳市场为 2013 年 12 月 19 日，深圳碳市场为 2013 年 6 月 19 日。
③ 排除 2015 年才进入履约期的湖北与重庆碳交易市场。

约主要依赖政府的推动。2017 年至 2018 年 2 月 20 日，各碳市场价格基本保持稳定，北京碳市场成交价最高，维持在 50 吨/元左右①。随着各试点碳市场的快速发展与运行，中国在 2017 年 12 月宣布建立全国统一碳交易市场，并在具备可行性前提下，将试点碳交易市场与全国碳市场有机结合。基于各试点碳市场的运行经验与教训，全国碳市场的构建以减排为目标，通过完善价格机制引导控排企业以最小成本实现减排指标。

二、研究意义

根据国家统计局网站，自 1978 年改革开放至 2011 年左右，中国经济呈现出年均 10% 的快速增长，然而粗放型的经济增长模式必然伴随着能源的过度消耗与环境污染的加重。随着中国步入经济新常态模式，在这一模式下，将以 GDP 导向型经济转为结构导向型经济模式，经济增长将更多依靠人力资本质量和技术进步，同时推动形成绿色低碳循环发展新方式。由此中国政府提出了多项碳减排承诺并制定了相应减排措施，自此开启了中国的碳减排之路。在碳减排过程中，基于欧洲碳排放交易体系（European Union Emission Trading Scheme，EU ETS）减排经验与教训，中国政府意识到市场化的减排手段更能促进低碳经济的发展，建立碳交易市场对减少二氧化碳排放有积极的作用。其主要包括：第一，短期内降低了碳排放量而不损失 GDP。第二，刺激技术进步和创新。在碳配额的基础上，没有哪一个企业愿意支付超过配额的碳排放花销，因此这促使了企业不断进行技术创新从而降低自身碳排放的情况；在企业进行技术创新后，多出的碳权配额可以卖出，从而获得了更多的收益。另外，碳交易市场本身作为一个降低碳排放和提供技术的场所，更受到了企业的欢迎。第三，提高中国在全球碳市场的话语权。中国由于没有碳权定价的决定权，因此使得国外买家可以低价购入中国的碳

---

① http://www.tanjiaoyi.org.cn/k/index.html。

权，使中国失去了相关资源和收益，而建立了碳交易市场后，中国可以逐步收回碳话语权，从而改变现状。本书则以碳交易的主体内容——碳定价为研究重心，碳权作为新兴金融资产，研究其定价问题有助于解决中国现阶段面临的减排与经济发展的矛盾。

自 2013 年中国七个试点碳市场开市以来，各试点成交额与成交量呈现飞速增长。自各市场开市至 2018 年 2 月 19 日，湖北碳市场成交量达 4921.6 万吨，成交额达 91546.8 万元，为各试点市场最高值，这主要是由于湖北碳市场规定"未经交易的配额过期注销"，促进了市场的流动性；其次为广东与深圳碳市场，其中，广东碳市场成交量为 3419.9 万吨，成交额为 49178.3 万元，深圳碳市场成交量为 2454.7 万吨，成交额为 68294.7 万元①。4 年来，各试点市场在制度设定、法律制定与市场运行等方面逐渐完善，为碳市场的进一步发展提供了经验与教训，随着国家统一性碳交易市场的建立，中国碳市场交易量将超过 EU ETS 成为全球最大碳市场，其发展决定了中国能否在全球处于优势位置，从而获取全球碳定价的主动权，进而掌握国际话语权。

从学术角度来看，碳排放权作为现阶段及长期的稀缺资源，在市场中以碳价为表现形式进行资源重新分配。因此，建立碳交易市场并确定其配额交易价格，能够改变碳排放量作为"公共物品"的缺陷，使经济活动的负外部性内部化；同时，作为非传统的金融产品，碳价既存在与传统金融产品价格相比的相关性，又存在与传统金融产品价格相比的独特性，所以确定其特点有助于完善碳定价模型并建立碳定价基础。自 2011 年中国提出构建碳交易市场到 2013 年试点碳市场逐渐开市，再到 2018 年初，中国试点碳交易市场运行不足 5 年时间，所以针对中国碳市场相关的文献较少，特别是针对中国碳定价问题的文献只有十余篇。目前尚存在较多的问题需要解决，其中包括全国碳交易市场价格的确定与区间的选择、风险的防控等问题。

---

① http://www.tanjiaoyi.org.cn/k/index.html。

从现实角度来看，随着碳交易市场自理论到实践的发展，在"十二五"规划后期至"十三五"规划阶段，中国碳强度存在显著下降，碳排放量基本保持稳定，略有降低，可见碳交易市场的建立对中国减排活动存在显著影响。由此可见，现实中碳价的确定与碳交易的完善和学术领域的发展存在紧密的联系，探究碳定价问题能够结合理论与实际有效改善中国环境污染问题，并对全球气候变动提供相应经验与借鉴，完善世界性碳市场的连接与构建，以形成全球统一碳交易市场，促进低碳经济的发展。

第二节　研究范围和相关概念

与碳减排活动相关的领域较为宽泛，且对碳价格的研究包括不同角度和不同层次，例如探究的是 EU ETS 价格还是中国碳交易体系价格，在中国碳价的研究中，分析的是项目价格还是配额价格，各文献的着重点均有所差异。因此，本节将对本书所涉及的研究范围和相关概念进行界定。

一、研究范围

随着中国碳交易体系的快速发展，全国统一碳交易市场已经在 2017 年 12 月建立，因此本书将以中国碳排放量为基础标的物的碳权交易价格为研究重心。现阶段中国碳交易的产品包括政策制定者分配给控排企业的配额与通过实施项目削减温室气体而获取的减排凭证（CCER），其中，配额交易属于强制减排，而 CCER 属于自愿减排。CCER 可以在控排企业履约时抵消碳排放量，既可以降低控排企业的履约成本，也能够给减排项目带来一定的收益。目前中国正在运行的碳交易市场包括 7 个试点碳市场（北京、天津、上海、湖北、重庆、广东、深圳），2017 年 1 月正式开市运行的福建碳市场、2017 年 12 月建立的全国统一碳市场。

一方面，因为中国碳市场仍以现货市场为主，所以本书仅涉及碳现货交易；同时，由于在碳交易中自愿减排的碳排放量所占比例较小，因此本书的研究范围为基于强制性政策的配额交易。另一方面，由于全国碳市场刚刚建立，还没有充足的历史数据进行分析，且试点碳市场仍在有效运行，因而本书主要选择地区碳市场的价格为研究对象。综上所述，本书选取各地区碳交易现货市场配额价格为研究样本和研究基础，探究地区层面和国家层面的碳定价问题。

二、相关概念

随着以二氧化碳为代表的温室气体减排活动的兴起，学术界出现了大量以碳减排为研究对象的成果，进而产生了"碳金融""碳市场""碳基金"等相关概念。针对本书的研究范围，下面对本书涉及的相关概念进行界定。

（一）碳金融

关于碳金融的定义目前仍未统一，但基本内涵一致。《碳金融》期刊对碳金融的界定较为宽泛，认为碳金融是解决气候变化的金融方法。陈柳钦（2009）、李瑞红（2010）提出，碳金融是为降低温室气体排放量而实施的各种金融制度安排和金融交易活动。部分学者将其分为广义和狭义的概念，例如王倩等（2010）、杜莉和李博（2012）认为，广义的碳金融是通过金融制度的创新以影响其服务对象而降低温室气体排放量，包括碳排放权和衍生品的交易、低碳项目开发和投融资、碳保险、碳基金，以及相关金融咨询服务等金融市场工具和金融服务；狭义的碳金融则是具体的围绕碳减排的金融交易活动。本书所指的碳金融是基于王倩等（2010）与杜莉和李博（2012）所提出的狭义层面上的碳金融。

（二）碳定价

在市场均衡角度，碳权配额价格应该等于控排企业的边际减排成本，从地区层面来看，碳市场价格应该等于该地区的边际减排成本。但在碳市场构建与运行过程中，由于受到减排指标、经济预期、配额分配方式等因素的影响，碳排放价格可能会偏离边际减排成本，因此本书对碳定价的研究重点为：分析在减排与经济结构调整条件下基于边际减排成本的碳价区间，并在此基础之上，探究碳市场配额价格运行情况，分析其波动与溢出效应，进而研究如何使得碳市场形成有效碳价格。

（三）碳价管理

由于碳市场本质上是一个政策性市场，因此碳价格很大程度上受政府政策的影响。基于此，碳市场的管理手段可以分为政府手段与市场手段，其中，政府手段包括相关制度的规定，例如湖北碳市场"未经交易的配额过期注销"、各市场均规定强制履约等措施，市场手段则主要指市场运行过程中所发出的价格信号，以此引导控排企业和投资者进行交易。

第三节　国内外相关文献综述

基于碳交易市场的温室气体控排活动已成为中国现阶段发展的重心之一，而确定碳配额价格则是市场有效运行的保证。碳价格受到多种因素、多层次、多角度的影响，例如宏观层面的经济发展水平与微观层面的企业减排成本，也包括国家不可控的天气状况与可控的能源价格。基于此，针对碳交易市场价格的确定与走势的分析显得更为困难。同时，随着国家碳市场在 2017 年的初步建立，加之相应的控排法律与制度的不完善，中国碳市场价格与风险将变得更为复杂与难以预测。

因此，为完善碳市场交易制度、保证碳市场的有效运行，学者们探究了碳价波动与风险测度等相关问题，与碳定价相关的文献主要分为两大部分：单一碳市场的研究与多市场间关联的研究。单一碳市场的研究主要针对某一碳交易市场的价格波动情况与影子价格进行定性与定量分析；多市场间关联的研究指某一碳市场与其他碳市场间价格的溢出效应，或与能源市场间的动态关联。为解决碳定价这一复杂问题，本节通过对现有文献进行梳理，按照碳交易的价格信号机制研究、碳资产影子价格测算研究、碳价影响因素研究和碳价与其他金融资产价格的联动性研究展开文献综述，为后面论述碳定价机理提供基础与文献支持。

一、碳交易的价格信号机制研究

自《京都议定书》等控排温室气体相关政策出台后，针对碳减排的相关机制也逐渐出现，其主要以理论政策为指导，以碳税与交易市场为减排路径，实现控排二氧化碳的目标。为此，下面将主要探讨碳交易市场的减排机制，分析碳交易的价格信号对企业、行业与地区层面的减排、成本变动等方面的影响，并探究碳配额价格走势与波动情况。

由于碳市场的形成在短期内会导致企业相应成本增加，因此李继峰等（2013）提出，若中国碳价与发达国家碳价相似，则影响范围高出发达国家约 10 倍。

在碳价对行业影响方面，德马依和奎林（Demailly & Quirion，2008）认为碳交易体系对钢铁行业影响较小，同时萨尔托尔（Sartor，2013）认为碳交易体系未造成原铝净进口的明显变化。类似的还有克莱伯和彼得森（Klepper & Peterson，2004）、帕森斯等（Graichen et al.，2008）分析了碳市场对行业竞争力的影响，傅京燕和冯会芳（2015）分析了碳价对制造业行业的影响。张新华等（2012，2016）则从发电商角度考虑碳价问题，通过构建并求解不确定条件下的碳捕获技术投资模型，得出碳价的波动性将影响碳捕获技术投资的结论，如果碳价波动较大，发电商将放弃投资；构建考虑碳价下限的发电商碳捕捉和封存（Carbon Capture and Storage，CCS）投资期权模型，提出过低的下限会导致即使存在较高的政府补贴，发电商也会放弃投资；另外，直接补贴且正常征税可节约政府的补贴资金。

尹力和梅凤乔（2016）提到，湖北碳配额价格在免费分配原则下，四大高耗能行业所受影响较小，利润降幅不到1%；其中，有色金属行业受到的短期经济影响最强，需要特别关注。王白羽和张国林（2014）认为《京都议定书》第一阶段的碳权交易市场并非真正意义上的市场，该市场依赖政府自上而下的设计和推行，只是推动低碳经济转型的政策工具。低碳技术投资需要长期、可信的政策激励，而短期应以足够高的碳价格信号驱动低碳技术的研发和商业化投资。

以上文献均是从供给角度分析碳市场与碳价信号，从消费者层面来看，范进等（2012）基于总量管制和交易机制，将消费因素纳入减排框架，进而建立了消费排放权交易理论模型；并且基于该模型提出，在双向拍卖机制下，消费排放权交易价格收敛于理论竞争均衡价格，保证减排资源达到最优效率的配置；同时，消费碳交易能够激励消费者选取低碳产品。

在碳市场价格走势与波动研究方面，学者们主要对碳配额现货价格与期货价格进行分析，其中，对于碳市场收益率、波动率与流动性的研究主要来自本茨和享格布洛克（Benz & Hengelbrock，2008）、弗莱诺等（Frino et al.，2010）、伊比昆勒等（Ibikunle et al.，2011）、赵等（Zhao et al.，2016）。吴振信等（2015）基于 EU ETS 第二阶段碳排放权配额（European Union Allowance，EUA）和核证减排量（Certified Emission Reductions，CER）的现货和期货价格数据，一方面采用递归 OLS 残差检验和 CUSUM 平方检验分析碳价动态变化路径，提出碳价序列具有明显的结构突变特征，分析其价格的单一变动；另一方面提出样本期内发生了两次结构突变，并明确美国"次贷危机"、欧债危机与碳配额过量是引起结构突变的主要原因。

本茨和特鲁克（Benz & Trück，2009）、本茨和亨格布洛克（2008）分别采用马尔科夫转换和 AR - GARCH 模型分析 EU ETS 短期碳权现货价格波动，发现价格收益率对数呈尖峰厚尾分布，并在不同阶段存在不同的波动形态，且对价格发现与价格影响而言，欧洲气候交易所（European Climate Exchange，ECX）起到价格领导作用；相似地，对 EUA 期货合约价格的高频数据进行分析的还有康拉德等（Conrad et al.，2012）。塞弗特等（Seifert et al.，2008）认为，该期货价格不必遵循季节性模式，贴现价格应该具备鞅属性，并且完善的碳价应表现出时间和价格相关的波动结构；同时，扎斯卡拉基斯等（Daskalakis et al.，2009）认为碳排放配额在 EU ETS 不同阶段因禁止存储导致期货价格变化，需要建立期货期权定价和套期保值的有效框架。

朱帮助等（2012）基于 2005～2011 年 ECX 碳期货价格，运用经验模态分解（Empirical Mode Decomposition，EMD）模型与 fine-to-coarse reconstruction 算法，将国际碳价分解为内在长期趋势、重大事件影响和市场短期波动三方面，在碳价预测时，可采取对各成分单独预测再集成的策略。相似地，米斯拉赫和大坪（Mizrach & Otsubo，2014）于 2014 年分析了欧洲气候交易所（ECX）市场微观结构，探究了 EUA 与 CER 合约中交易量、交易成本、价格影响与收益预期的关联。张晨等（2015）运用蒙特卡洛模拟法对 EUA 期货期权进行定价，并对比 BS 期权定价法，认为基于 GARCH 模型与分形布朗运动的期权定价法更为精准。

二、碳资产影子价格测算研究

排污权的影子价格指为降低一单位污染物而损失的经济成本。通过测算二氧化碳影子价格，一方面能够分析其碳减排成本与减排潜力；另一方面能够测算地区和企业碳交易时碳价的区间。

马拉丹和瓦西列夫（Maradan & Vassiliev，2005）通过计算 76 个国家的碳影子价格，发现发展中国家降低碳排放量成本较发达地区高。隆德（Lund，2007）探讨了 EU ETS 对能源密集型制造行业减排的直接与间接成本影响，认为对大部分行业来说，京都议定书时期的总成本影响低于生产总值的 2%，而在后京都议定书时期，重工业成本上升至生产总值的 8%。由此，马克兰和萨马科夫利斯（Marklund & Samakovlis，2007）提出碳权分配中的效率和公平分配原则均需要考虑，相似的还有魏等（Wei et al.，2012）、王倩和高翠云（2016）。牛玉静等（2012）通过构建全球多区域可计算一般均衡（Computable General Equilibrium，CGE）模型，提出"有效减排量"较碳泄漏率是更加合理的评估减排行动有效性指标。刘和冯（Liu & Feng，2018）则在 2018 年提出全球平均边际减排成本为 683.7 美元/吨。彭等（Peng et al.，2018）提出中国加权平均边际减排成本为 316.51 元/吨，远高于当前 ETS 排放的碳价格。

在中国行业碳影子价格方面，轻工业碳影子价格高于重工业行业，且各行业碳影子价格绝对值均呈递增现象，边际减排成本在 200 元/吨 ~ 12 万元/吨；制造业的二氧化碳排放量总计可降低 6 亿 8000 万吨，其影子价格均值为 3.13 美元/吨（陈诗一，2010；窦育民和李富有，2012）。并且，吴英姿和闻岳春（2013）认为绿色生产率对工业减排成本的影响作用不显著，优化能源结构有助于降低高碳强度行业减排成本，人力对资本的替代有助于减小低碳强度行业的减排成本。从行业角度分析二氧化碳排放影子价格的还有叶斌等（2012）、姚云飞等（2012）与吴贤荣等（2017）。

在测算中国地区层面二氧化碳排放量的边际减排成本方面，崔等（Choi et al.，2012）认为经济发展水平较高的东部地区碳排放效率最高，而经济发展程度最低的西部地区碳排放效率最低。由于各地区的碳排放影子价格差异较大，一般来说，碳强度越低的地区为实现减排指标要付出的宏观经济成本越高（刘明磊等，2011）。杜等（Du et al.，2015）在 2015 年提出各地区二氧化碳影子价格自 2001 年 1000 元/吨升至 2010

年的 2100 元/吨。

由于降低碳排放量会导致 GDP 损失，崔连标等（2013，2014）通过构建三种政策方案：无碳交易市场、仅试点地区存在碳市场、全国统一碳市场，测度中国碳排放的成本节约效应。为实现"十二五"碳强度减排目标，在没有碳交易时，全国减排成本为 157.62 亿元，占当年 GDP 的 0.04%；各试点碳市场参与碳交易时，全国需付出的总成本为 150.66 亿元，均衡碳价约为 70.55 元/吨 CO_2；建立全国统一性质的碳市场后，其减排成本为 120.68 亿元，均衡碳价约为 38.17 元/吨 CO_2（崔连标等，2013）。孙睿等（2014）提出，在减排目标为 10% 时，碳市场能接受幅度更大的价格波动冲击，宏观经济损失相对小，引入碳市场是最好的选择。

三、碳价影响因素研究

分析碳价影响因素也是研究碳定价的方法之一，这是由于碳交易市场配额价格主要由供给与需求双方的交易确定，而碳价影响因素，如能源价格、天气、信息披露、宏观经济与市场交易政策等因素则属于影响供求偏好的要素。

政策因素与极端天气均对碳价格造成冲击，其中，由于政策因素中的过度分配与借贷机制的缺失导致 2007 年 EU ETS 价格暴跌；在极端天气方面，刘和陈（Liu & Chen，2013）认为极端天气对碳市场与能源市场间的溢出效应具有中介作用。

在宏观经济因素对碳价的影响方面，现有文献一般采用股票指数或经济景气指数作为经济发展水平的代表，并得出宏观经济环境的变动对碳价存在显著影响的结论，具体来说，谢瓦利尔（Chevallier，2009）认为碳期货收益率与利率和全球商品市场发展相关，奥本多夫（Oberndorfer，2009）认为碳期货收益率与电力公司股票回报率高度正相关，同时与采购经理指数（Purchasing Managers' Index，PMI）、煤炭、天然气和电力期货收益相关（陈欣等，2016）。格伦瓦尔德等（Gronwald et al. , 2011）基于 Copula 模型研究了碳市场、商品市场与金融市场间的关系，提出 EUA 期货价格与煤炭、天然气、电力期货价格显著相关，而与石油期货价格关联不显著。陈欣等（2016）则认为 PMI 对碳价波动的贡献最大。另外，科赫等（Koch et al. , 2014）提出风能、太阳能的电力生产等可再生能源也会导致 EUA 价格波动。不仅如此，克雷蒂等（Creti et al. , 2012）认为 EU ETS 的两个阶段均存在协整关系，明确第一阶段影响因素适用于第二阶段。探究宏观因素对期货价格与现货价格影响的还有邹亚生和魏薇（2013）、阿托拉等（Aatola et al. , 2013）。科赫等（2014）在分析碳价影响因素之后，提出 90% 的 EUA 价格变动仍然不能获得解释。郭文军（2015）基于自适应 Lasso 方法和参数估计法考虑国际碳价、国内外经济状况、国内外能源价格与汇率四个维度对深圳碳市场配额价格的影响作用，结果表明欧元汇率对碳价的影响最大，其次为国内石油价格；同时，碳价与国内经济和欧洲经济状况呈正相关关系；而国际碳价与国内区域碳价之间的联系较弱。梵和托多罗娃（Fan & Todorova，2017）探究了北京、广东、湖北与深圳碳市场价格与宏观层面金融风险、大宗商品市场等的关系，区分了各试点碳市场表现的差异。

四、碳价与其他金融资产价格的联动性研究

碳资产价格存在与其他传统金融资产价格的联动性，并与其他碳资产价格的动态关联，表明碳资产定价方法与传统金融资产定价模型的相似性。现有文献对碳市场溢出效应的分析，主要基于碳交易市场与化石能源市场之间的关联与溢出效应、同一或不同类型碳市场间的价格联动机制两类研究，涉及的研究方法主要有 VAR 模型、BEKK - GARCH 模型、DCC - MGARCH 模型与 Copula 模型。该部分文献分析了能源价格与碳价以及碳价之间的关联，从微观角度探究了碳价的形成。

化石能源消耗是人类活动对气候变化的最大影响因素，其所产生的

温室气体占人类温室气体排放总量的 80%（魏一鸣等，2008），凯弗里和雷德蒙（Convery & Redmond，2007）、阿尔贝罗拉等（Alberola et al.，2008）、张跃军和魏一鸣（2010）均认为能源市场对碳交易市场的影响是造成碳价波动的因素之一。开普勒和曼萨内特－巴塔勒（Keppler & Mansanet-Bataller，2010）分析了 EU ETS 碳价与电力、天然气价格的相互作用，表明第一阶段（2005.01~2007.12）与第二阶段第一年（2008年）的煤炭和天然气价格会影响二氧化碳期货价格，碳期货价格反过来也会影响电力价格。布雷丁和莫克利（Bredin & Muckley，2011）认为化石能源价格与碳价之间存在协整关系；赛因鲍姆等（Sheinbaum et al.，2011）采用 1990~2006 年阿根廷、巴西、哥伦比亚、墨西哥和委内瑞拉的碳排放量数据，发现尽管各国实现能源强度的显著降低，但由于能源结构的变化，能源强度的降低并没有显著促进碳排放的减少。而更多的学者则认为两者间存在显著的溢出效应（海小辉和杨宝臣，2014；张秋莉等，2010）。海小辉和杨宝臣（2014）基于 DCC－MV-GARCH 模型分析欧盟碳市场与能源市场的动态关联，发现碳市场与煤炭市场、碳市场与天然气市场的动态关联性均为正相关，Brent 原油市场则以天然气市场为渠道对碳市场产生影响。张和孙（Zhang & Sun，2016）采用 DCC－MGARCH 模型，发现欧盟煤炭市场向碳市场与碳市场向天然气市场有明显的单向波动溢出效应，而碳市场与 Brent 原油市场之间没有显著的波动溢出效应。

相对于碳市场与能源市场关联度的分析，国内学者对 EUA 与 CER 价格联动机制研究较多，且大部分学者认为 EUA 与 CER 价格两者间存在显著的相互影响。黄明皓（2010）认为 CER 期货市场具有较好的短期价格发现功能，并通过 SVAR 模型得出 CER 市场与 EUA 市场在短期内现货价格与期货价格之间存在相互影响，但长期而言，两个市场存在动态稳健性。相似地，郇志坚和陈锐（2011）、吴恒煜等（2011）均提出两类期货价格间存在较高的相关性，其中，吴恒煜等（2011）认为 t－GARCH（1，1）是拟合 CER 期货市场与现货市场收益率的最优模型，并运用 Markov 机制转换模型发现 CER 现货市场和期货市场存在较大的波动特征。基于此，更多学者针对两市场的非对称性进行了分析，如阿鲁里等（Arouri et al.，2012）基于 VAR 模型与 STR - EGARCH 模型分析，发现碳现货与碳期货收益率存在非对称关联；郭辉和郇志坚（2012）运用 VEC 模型与 VAR - GARCH - BEKK 模型分析了 ECX 配额市场 EUA 与 CER 期货价格联动关系，认为 EUA 对 CER 期货价格具有主导拉动作用，且 EUA 期货市场的"坏消息"对 CER 期货价格具有明显的冲击作用；刘纪显和谢赛赛（2014）认为在收益率溢出效应方面，EUA 市场与 CER 市场溢出效应存在不对称性，EUA 市场对 CER 市场收益率溢出效应为负，反过来 CER 市场对 EUA 市场影响不显著，而在波动率溢出效应方面，两市场存在双向溢出效应，但 EUA 市场对 CER 市场的影响相对较大。然而，与上述结果不同的是，纳齐菲（Nazifi，2013）基于协整检验与趋同检验法，认为 EUA 市场价格与 CER 市场价格没有长期相关性。

在其他研究方法中，高杨和李健（2014）基于 2008 年 3 月 ~2013 年 9 月 ICE 碳排放期货交易所的 CER 期货和 EUA 期货日交易结算价格，采用经验模态分解（Empirical Mode Decomposition，EMD）—粒子群算法（Particle Swarm Optimization，PSO）—支持向量机（Support Vector Machine，SVM）模型分析国际碳金融市场价格，认为该误差校正预测模型较其他方法更优。吴恒煜和胡根华（2014）运用 Copula - GARCH 模型分析 EUA 与 CER 现货市场与期货市场之间的动态相依性，认为两市场间存在较强的对称尾部相依性。胡根华等（2015）针对 EUA 期货价格构建规则藤 Copula 模型，认为无条件下市场存在对称尾部；而市场相依结构固定时，各期货市场没有尾部特征。马艳艳等（2013）则基于 CDM 项目碳价提出中国碳价的决定机制，认为 CDM 价格和伦敦国际石油交易所的原油期货价格呈正相关，与联合国对中国 CDM 项目的 CER 签发率呈微弱的负相关，同时与欧洲气候交易所的 EUA 期货价格具有显著的正相关关系。钟世和和曾小春（2014）基于 2003 年 1 月 ~2012 年 8 月芝加哥环境交易所碳价格月度数据，采用 VAR 模型分析碳价波动对我国能源价格及消费者物价指数波动的影响，认为碳价波动构成了我国能源价格波动的原因，但对消费者物价指数（Consumer Price Index，CPI）影响较小。

在同一类型碳市场的溢出效应研究中，王倩和高翠云（2016）基于六元非对称 t 分布的 VAR - GARCH - BEKK 模型测度中国试点碳市场的溢出效应，结果表明，试点碳市场间存在高度关联性，具备市场整合的特质。汪文隽等（2016）选择广东、湖北和深圳碳市场为样本，基于多元 GARCH - BEKK 模型分析三个碳市场间的波动溢出效应，研究表明，各阶段内三个碳市场间的溢出效应结果存在差异，晚期的波动溢出效应较早期的效应更符合市场有效性大小关系。

现有文献对碳交易价格信号机制、碳资产影子价格、碳价的影响因素和碳价与其他金融资产价格联动性进行了较详细的论述，进而确定了碳市场运行机制、国家与地区层面的碳减排成本以及政策、天气、经济与能源等方面对碳价的影响情况，但现有研究仅将减排作为碳定价的目标，而未考虑利用碳定价与中国经济结构转型的关联，也没有明确服务于减排与结构转型的碳价区间，更忽略了企业减排决策与经济结构调整通过影响碳配额的供求对碳定价机制形成的冲击。

第四节　研究思路、研究方法与主要内容

一、研究思路

本书按照"减排与碳价互动→经济结构调整与碳价互动→减排与经济结构调整条件下的碳定价→碳价溢出效应→碳价管理存在的问题"的逻辑思路（见图 1 - 1），探究了中国碳市场在满足经济发展水平和碳减排要求的情况下，碳价格运行情况、碳价合理区间与存在的困境。

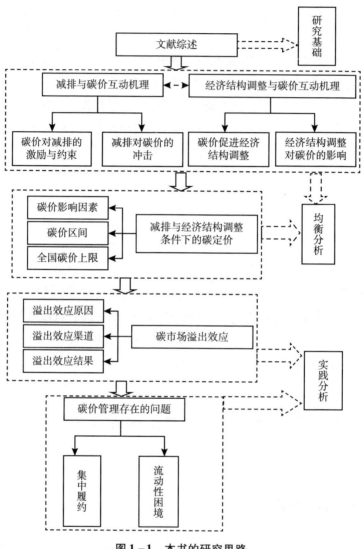

图 1-1 本书的研究思路

具体来说，第一，本书通过梳理现有文献奠定研究基础，明确已有文献中对国内外碳市场的相关研究重点和盲点。第二，本书探究了减排与碳价互动机理、经济结构调整与碳价互动机理，这既是本书提出的两个视角，每个角度均对两者间的互动关系进行详细分析，也是研究的基础部分。第三，明确满足减排与经济结构调整要求的碳价格，从数理角度探究碳价形成与运行中的影响因素，明确碳价区间，测算"十三五"规划时期全国碳市场的碳排放影子价格，这属于均衡分析的最后一部分。第四，从均衡分析进入实践分析，即从理论上的碳价进入碳市场实际运行价格，探究碳市场的均值溢出效应和波动溢出效应。第五，在溢出效应的基础上，分析碳价管理存在的问题，解决市场流动性困境与履约驱动等问题，这属于实践分析的第二部分。

二、研究方法

本书在研究过程中涉及金融学、统计学、计量经济学、微观经济学、宏观经济学与环境学等学科的理论与应用知识。具体来说，本书主要采用以下研究方法对研究主题展开论证：

（1）文献研究法和经验总结法。通过梳理与总结有关碳价格信号减排作用以及与碳定价研究相关的现有文献，得出现有理论的发展脉络和研究重点，进而探究目前文献研究所存在的空白，以寻找创新点。同时基于宏观经济与减排活动过程、碳市场运行过程中出现的典型事实进行归纳总结和实证分析，并将结论进一步理论化，分析得出其发展规律。

（2）定性分析和定量分析方法。一方面，定性分析碳价格信号对减排活动和经济转型升级的促进作用，分析碳价形成与运行中的影响因素，探究碳价区间的确定；另一方面，定量分析中国省际碳排放量、经济发展水平的特性，明确碳市场与减排和经济结构的互动影响机制，以及碳市场收益率与波动率溢出效应，并探究其碳价管理机制。

（3）规范分析和实证分析方法。本书对碳价格信号与碳减排、经济结构调整互动的机制和路径进行理论分析，探究碳定价与其相关的逻辑，研究碳市场运行过程中所面临的价格困境。同时，基于 stata、openoffice、R、MATLAB 与 lingo 软件，本书所采用的计量经济模型包括 SPDiD 模型、VAR – GARCH – BEKK 模型、面板 VAR、全域双导向非径向方向性距离函数（Global Non-radical Directional Distance Function,

Global NDDF）及其对偶原理等模型。

三、主要内容

依据研究思路，本书共分为七章，具体如下：

第一章：绪论。主要阐述了本书的研究背景和研究意义，论述了研究范围和相关的概念范畴，同时对碳资产减排机制、与其他金融资产价格的联动性等方面进行了文献综述，对现有文献的结果与缺陷进行了简要论述，并提出了本书的研究思路、方法、主要内容与创新点等。

第二章：减排与碳价的互动机理。从理论层面分析了碳价格信号对减排的激励与约束机理、减排决策对碳价的反馈机制。随后采用倍差法（Difference-in-Difference，DiD）、半参数倍差法（Semiparametric Difference-in-Difference，SPDiD）探究碳市场的减排能力，并基于全域非径向方向性距离函数及对偶原理测算碳排放影子价格，明确减排对其影响，并构建"碳效率幻觉"指标。

第三章：经济结构调整与碳价的互动机理。在理论角度阐述中国经济发展特征，探讨经济结构调整与碳价的互动机理，采用倍差法、半参数倍差法分析碳市场对经济发展水平、碳脱钩水平和经济结构调整的影响，并采用面板数据模型探究经济结构调整对碳排放影子价格的冲击。

第四章：减排与经济结构调整条件下的碳定价。基于传统价格理论和现代金融学定价理论中的 CAPM 模型和 APT 模型等理论模型，并考虑碳定价不同于传统金融理论的特殊性，从数理角度分析碳价基于经济与减排两个角度的影响因素，进而明确碳价区间，确定碳价上限与下限的差异，并测算"十三五"规划期间全国碳排放价格的上限。

第五章：中国碳市场溢出效应研究。从理论层面分析了溢出效应的定义、原因与渠道，并采用六元 VAR – GARCH（1，1）– BEKK 模型与社会网络分析法（Social Network Analysis，SNA）对试点碳市场的溢出效应进行实证分析。

第六章：碳价管理存在的问题。论述了相关的碳价管理措施，从理论层面分析了中国碳市场构建与运行过程中存在的问题，并采用面板 VAR 模型探究碳价与市场流动性的动态关联，进而确定有效碳价形成的方式。

第七章：总结和展望。通过对本书进行总结归纳，在考虑减排和经济结构转型两方面下，提出中国碳定价相应建议，并对未来进一步的工作提出设想。

第五节 研究创新与不足之处

一、研究创新

中国在国际减排责任与环境压力下，提出了多项碳减排指标，并构建了碳交易市场以实现这一目的。在这一背景下，本书基于中国碳减排要求和经济发展需要，以及碳交易构建与运行的理论和数据，以中国省际碳排放影子价格和试点碳市场碳配额价格为研究对象，重点探讨在结合减排与经济发展要求下的碳定价理论。与现有研究相比，本书的创新点在以下三个方面：

（1）碳定价理论方面的创新。本书从数理模型角度探究了碳价形成与运行中的影响因素，明确了碳定价与碳排放影子价格的区别，在碳价等于边际减排成本的理论基础上，创新性地提出边际减排成本可包括两层含义：一是在技术不变或无减排投资约束下，当减少一单位非期望产出（CO_2）所付出的期望产出（GDP）的代价，即碳排放影子价格；二是指为增加一单位减排进行减排投资或生产活动所产生的生产成本，即减排技术投资的边际成本。而这两层含义则构成了碳价的上限与下限。

（2）研究视角方面的创新。不同于单一的碳资产定价模型的文献成果，本书将经济增长与碳减排两个研究角度相结合，考虑到中国新常态经济增长模式，综合宏观与微观两个层面，研究其与碳价格信号的互动机制，证明了中国碳交易体系的构建对地区强度减排具有促进作用，而对碳总量没有影响；碳市场促进了碳脱钩与经济结构调整，而对经济发展水平没有抑制作用；减排与经济结构调整则对碳价形成冲击。

（3）研究主题深入。本书在理论与实证两个角度对碳价溢出效应与碳价管理机制研究进行了扩展，在传统金融研究的基础上，提出了碳市场溢出效应的具体渠道，认为试点碳市场具备整合潜质；并对市场机制的价格管理措施进行了探索，以解决中国碳市场面临的流动性困境。

二、不足之处

虽然本书尽可能地详细研究满足经济发展和碳减排需要的碳价格，以及碳价相关的波动效应与管理存在的问题，但由于时间与数据等因素的制约，而存在一些不足，主要包括以下两个方面：

（1）理论方面。本书尽可能地考虑减排与经济结构调整要求下的碳价格，但由于碳减排活动与经济发展都有各自的属性和特点，本书没有更为细致的论述。同时，对于"十三五"规划期间的碳排放影子价格仅进行了假设情形下的测算，而没有构建数理模型。此外，对于碳排放影子价格的测算，本书并没有提出更进一步的研究方法。

（2）实证方面。基于数据的可得性，本书所采用的数据区间包括地区层面 10 年的年度数据，市场层面为 4 年的日度数据，其可能由于时间较短而影响实证结果。同时，本书对于地区的分析没有细化到行业与城市层面，因而在地区角度未加入深圳数据，而这些细化后的指标可能会得到更细致的结果。此外，对于碳价形成与影响因素仅进行了理论分析，没有进行实证研究；对于碳价下限，由于数据的缺失，也没有进行测算。

第二章

减排与碳价的互动机理

与传统金融市场目的不同，碳权交易市场构建的最主要目的在于减排，而非单纯进行投融资活动。因此，国家或地区的减排程度与其碳市场价格存在显著的相互影响。由此，本章的主要研究内容为确定碳价基于市场手段的减排能力，以及探究减排过程中碳价的变动。同时，由于本章基于长期趋势来研究减排与碳定价间的互动机理，因此碳价格并非指市场中交易的短期价格，而更侧重于理论上的碳市场均衡价格。

第一节 减排与碳价互动的理论分析

一、基于碳价格的市场减排路径

在繁多的二氧化碳减排工具中，碳权交易市场作为一种制度创新受到越来越多的关注，从而得到快速发展。作为减排最迅速、成本最低的手段，自《京都议定书》签订后，各国分别建立碳排放权交易机制，实施碳交易政策，以最小社会成本控排温室气体。2003 年 6 月欧盟立法委员会（European Commission）通过排污交易计划指令，提出于 2005 年 1 月需要许可证才能够进行二氧化碳等温室气体的排放。随后美国、澳大利亚、加拿大与新加坡等国也先后建立了碳权交易机制。该机制的设定目标在于，碳交易能够从一定程度上降低碳排放量，并给予落后国家资助，从而实现节能减排与绿色增长的目的。

碳市场是集政府外部监管与市场内部激励于一体的节能减排机制，能够将碳配额变为可交易的稀有资源，从而将环境污染的外部性有效内部化。以试点碳市场减排为例，具体流程如图 2 - 1 所示。基于地方法律规定，发改委等相关政府主管机构通过设定该地区的碳排放上限，并基于免费和有偿发放方式、"祖父原则"或行业原则等配额发放形式，按照该上限，也就是配额总量发放排污许可证，控排企业在获得配额后，能够在碳市场进行交易，使得供求双方在碳市场中存在激励与约束机制，促进控排单位对技术创新与进步的需求；与此同时，监管机构在控排企业、机构和个人投资者交易的同时，进行相关的监管调控。碳权交易机制的优点在于能够利用市场手段进行调节，使经济体以最小成本进行碳减排，提高社会总体效益。

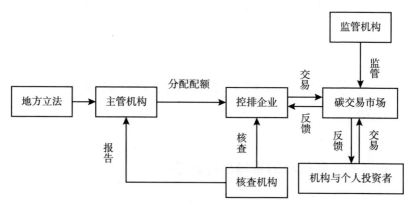

图 2 - 1　基于市场手段的二氧化碳减排流程

为实现国家和地区层面的减排指标，主管机构会对投入市场的配额总量进行阶段性下调，以保证减排活动的进行。随着配额的减少，市场中碳权的稀缺性会越来越大，从而导致碳价的升高。而碳价格的增加会使得控排企业的生产成本上升，由此促使控排企业进行绿色技术创新与改造。在此基础上，碳配额又进一步下降，从而形成良性循环（刘力臻，2014），具体如图 2 - 2 所示。当发改委确定的碳配额减少时［见图 2 - 2（a）］，控排企业在碳市场中面临的配额也有所下降。由于配额供给的降低导致碳价的增加［见图 2 - 2（b）］，对于边际减排成本低于碳配额价格的控排单位来说，通过卖出多余的配额能够在碳市场获取利润，因此会激励控排单位减排；而对于边际减排成本高于碳配额价格的企业来说，为实现控排指标，可以在市场中购买配额。虽然购买配额比自身减排所造成的损失要小，但仍然会降低其自身的利润，从而对其有约束碳排放的作用。总体来说，配额供求双方的生产成本上升［见图 2 - 2（c）］，配额供给方为获取利润，需求方为降低成本，都会寻求更优的减排技术，以改善自身经营与减排现状，因此导致控排单位的绿色技术需求上升［见图 2 - 2（d）］。在控排企业绿色技术创新与发展的基础上，碳排放量获得进一步的降低。由此，地区发改委能够再次降低碳配额总量［见图 2 - 2（a）］，进而形成减排的循环机制。

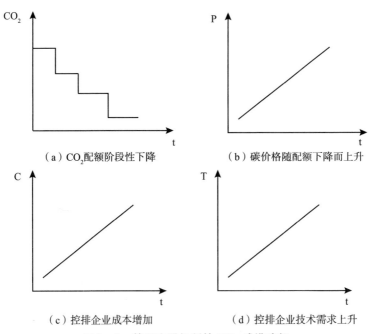

（a）CO_2配额阶段性下降　　　　（b）碳价格随配额下降而上升

（c）控排企业成本增加　　　　　（d）控排企业技术需求上升

图 2 - 2　基于交易机制的 CO_2 减排路径

二、中国碳市场价格的形成

国外碳市场，特别是发展最为规范与成熟的欧盟碳交易体系（EU ETS），是在高度发达的金融市场背景上建立的，因此这些碳市场通过开市交易便能够实现金融化。但由于中国金融市场本身仍处于发展和完善阶段，碳交易市场也体现出了新兴经济体不完全市场的特性。因此，本部分首先论述中国碳市场的价格形成，进而明确如何基于市场化手段实现碳减排。

在中央政策方面，2010 年 10 月，国务院发布《关于加快培育和发展战略性新兴产业的决定》，提出"建立和完善主要污染物和碳排放交易制度"；2010 年 10 月，"十二五"规划纲要提出逐步建立碳排放交易市场；2015 年 9 月，《生态文明体制改革总体方案》提出 2017 年启动全国碳排放交易体系；2016 年 3 月，"十三五"规划纲要提出推动建设全国统一的碳排放交易市场。在国家发改委角度，2011 年 11 月，国家发改委发布《开展碳排放权交易试点工作的通知》，批准京、津、沪、渝、粤、鄂、深七省市 2013 年开展碳排放权交易试点；2012 年 6 月公布《温室气体自愿减排交易管理暂行办法》，对 CCER 项目开发、交易与管理进行了系统规范；2017 年 12 月颁布《全国碳排放权交易市场建设方案（发电行业）》，全国统一碳市场启动，但仅纳入发电行业。

由于中国各地区的经济发展水平、能源结构与碳排放水平存在差异，为满足各地区自身发展的需求，中国启动了"两省五市"碳权交易试点，自 2013 年 6 月起，各试点碳市场逐步开市交易，至 2014 年 4 月，试点碳市场全部开市交易。同时在 2016 年 12 月，四川和福建两个非试点地区碳市场也相继开市，并实现了中国核证自愿减排量和福建省碳排放权配额的首批交易；2017 年 4 月，吐鲁番碳排放权交易所成立，中国碳排放交易所增至 30 家。2017 年 12 月 19 日，全国性质的统一碳权交易市场正式启动，为逐步完善该市场，试点碳市场仍将持续运行，以保证试点碳市场与全国统一碳市场的对接和过渡。因此，本书对试点碳市场与全国碳市场的规则设计进行分析，探究碳价的形成与运行基础。

（一）试点阶段

在试点碳市场阶段，各试点碳市场的机制设计总体上依照 EU ETS 为蓝本，涵盖了覆盖范围、配额总量和结构、配额分配模式等相关制度设计，其中大部分以地方政府管理办法的形式推出，北京与深圳通过地方人大的立法形式予以规范。在试点地区政府的交易管理办法等相关制度规定下，各试点碳市场基本构建了技术层面的碳交易框架，但在技术细节上仍再进一步完善。特别是碳配额分配方案、碳权抵消机制等相关规定，均是基于上一年的实践对下一年的方案进行修改调整。在各试点碳市场自 2013 年度到 2017 年度的碳权分配方案中，纳入企业数量、配额总量、基准年选取方式、CCER 抵消类型限制等规定随着每年方案的出台均有所变更，以适应该地区经济社会发展水平的变动。

1. 覆盖范围

覆盖范围体现了碳权交易市场（ETS）对温室气体排放总量的控制，即从本质上决定了 ETS 在履行国际减排责任和完成国家控排指标所起的作用。在 EU ETS 中，三个阶段的覆盖温室气体分别为仅 CO_2（第一阶段：2005~2007 年）、仅 CO_2（第二阶段：2008~2012 年）、CO_2、电解铝行业 PFCs 与化工行业 N_2O（第三阶段：2013~2020 年）。基于数据的可得性等原因，在中国碳市场的构建过程中，北京、天津、上海、湖北、广东与深圳试点碳市场，其覆盖温室气体范围与 EU ETS 的第一阶段和第二阶段相同，仅覆盖了 CO_2；重庆碳市场则纳入了《京都议定书》规定的 6 类温室气体：CO_2、CH_4、N_2O、HFCs、PFCs、SF_6。

各地区综合考虑自身的经济结构、碳排放水平、企业规模与效率等因素，设置了不同的行业范围，覆盖碳排放量占该地区碳排放总量的 35%~60%（齐晔等，2016）。总体来看，所有地区选取的覆盖行业与其经济结构一致。天津、重庆和湖北等地属于工业主导型经济，广东的工业占比高于服务业，所以这些试点地区主要覆盖了高碳排放的传统工业部门,但各试点覆盖行业也略有差异,例如天津碳市场的覆盖行业为钢铁、化工、电力热力、石化与油气开采,2016 年度湖北碳市场的主要覆盖行业为石化、化工、建材、钢铁、有色、造纸、电力七大行业。由于覆盖范围以传统的工业为主,控排主体数量较少,但单个控排企业的碳排放量较高,因此所发放总配额较高。而北京、上海与深圳属于服务业主导型经济,以第三产业为主便导致了这些地区单一经济体碳排放量较小,纳入门槛较低,覆盖主体则包括了服务行业的企事业单位。

2. 配额总量与分配

碳交易体系的源头是配额的制定,配额分配的多少决定了碳权的稀缺程度,而碳权稀缺程度则能够影响碳价。因此,配额的发放是碳价形成的基础。与 EU ETS 绝对碳排放量下降指标不同,中国各试点地区基于五年规划纲要中的碳强度下降指标和该地区经济发展的预测来制定年度配额总量,其主要包括初始分配配额、新增预留配额和政府预留配额。其中,初始分配配额是指根据控排单位现有设施分配的配额;新增预留配额是指为控排单位预先保留的发展空间,主要用于企业新增产能和产量变化;政府预留配额指政府用来进行市场调控的配额。同时,各试点碳市场规定所有配额能够存储,但禁止预借,例如湖北碳市场规定"未经交易的配额过期注销",这一政策很大程度上促进了湖北碳市场的流动性。

各试点碳市场以逐年免费分配为主,基于历史法和基准线法原则,结合企业自主申报以及竞争博弈等配额配发模式,灵活运用有偿分配方式进行配额调节。除广东碳市场外,其他试点市场的初始配额分配均采用了免费发放的形式,广东则采用了免费发放为主与部分有偿发放的混合模式;基于《广东省 2014 年度碳排放配额分配实施方案》,广东对有偿配额发放的规则做出调整,不再要求控排企业强制参与,且允许投资机构参与竞拍,同时还在拍卖底价大幅下调的情况下,引入了阶梯底价的创新设计。因此,在 2014~2016 年度中,广东碳市场电力企业的免费配额比例为 95%,钢铁、石化和水泥企业的免费配额比例为 97%,

剩余有偿部分以竞价形式进行配额发放，企业能够自主决定是否购买。其余各试点碳市场配额的有偿分配方式主要用于市场的价格发现与调控机制，例如北京碳市场预留年度配额总量的 5% 用于定期拍卖和临时拍卖，湖北碳市场的政府预留配额为年度配额总量的 10%，其中的 30% 可用于竞价拍卖（齐晔等，2016）。

　　如表 2 - 1 所示，在初始配额的免费分配中，除上海碳市场外，各试点碳市场均选择一年一发配额。其中，深圳碳市场的预分配配额原则上每三年分配一次，每年第一季度签发当年度的预分配配额；上海碳市场则选择一次发放三年的配额，每年进行适当调整，第一阶段为 2013 ~ 2015 年，第二阶段为 2016 ~ 2018 年，两个阶段的覆盖范围、配额分配方式、MRV（Monitoring，Reporting，Verfication）制度、交易标的与抵消机制均有所变动。在免费分配原则中，历史法与基准线法最具代表性，两类分配原则又被称为"祖父原则"与行业原则。各试点碳市场针对不同行业设置不同的计算方法，例如 2016 年度湖北碳市场在规定初始配额分配中，水泥（外购熟料型水泥企业除外）、电力、热力和热电联产行业采用基准线法，玻璃及其他建材、陶瓷制造行业采用历史强度法，其他行业采用历史法；第二阶段（2016 ~ 2018 年）的上海碳市场规定发电、电网和供热等电力热力行业企业和汽车玻璃生产企业采用行业基准线法，航空、港口、水运、自来水生产行业企业等采用历史强度法，宾馆、商务办公、机场等建筑以及采用行业基准线法或历史强度法的工业企业，采用历史排放法。同时，重庆配额总量则依照控排企业历史排放峰值进行自主申报的形式，从而面临配额供给过剩的可能，截至 2017 年 12 月 25 日，重庆碳市场存在交易的天数为 220 天，成交总量为 749.3 万吨，市场占比为 5.6%[①]。深圳碳市场则在历史法和基准线法的基础上，采取基于价值量碳强度指标的多轮博弈分配方式，对电力、供水与燃气外的五大制造行业进行配额分配。

---

① http：//www.tanjiaoyi.org.cn/k/index.html。

表 2-1   中国试点碳市场配额分配方法

试点	免费分配	有偿分配	方法
北京	逐年分配	预留年度配额总量的 5% 用于拍卖	历史法和基准线法
天津	逐年分配	市场价格出现较大波动时	历史法和基准线法
上海	一次分配三年	适时推行拍卖等有偿方式，履约期曾拍卖	历史法和基准线法
重庆	逐年分配	暂无	企业自主申报、总量控制
湖北	逐年分配	预留年度配额总量的 10%，其中 30% 可用于竞价拍卖	历史法和基准线法
广东	逐年分配	企业配额的 3% 有偿获得	历史法和基准线法
深圳	逐年分配	年度配额总量的 3% 用于拍卖，履约期曾拍卖	历史法、基准线法、竞争博弈

3. 抵消机制

2014 年 11 月国家发改委签发了首批共 10 个 CCER 项目，在补充计入期内产生的减排量约 649 万吨二氧化碳当量，该首批签发的 CCER 减排量在 2015 年进入各试点碳市场。作为我国试点碳市场建设的组成部分之一，各碳市场均将 CCER 作为碳权交易的补充形式，以用来抵消碳配额。抵消比例等规定则直接影响了碳市场价格的大小。在抵消比例上，各试点均考虑了 CCER 抵消机制对总量的冲击，一般将 CCER 比例限制在 10% 以内，同时各试点对本地化要求与 CCER 产生时间等内容也进行相应的规定。抵消机制可作为碳价管理措施之一，本书在第六章中进行了较为详细的分析，在此不再赘述。

(二) 全国统一碳市场阶段

基于数据的可得性等原因，全国统一碳市场先期启动仅纳入发电行业。《全国碳排放权交易市场建设方案（发电行业）》提出的覆盖范围为达到 2.6 万吨二氧化碳当量的企业，在这一门槛要求下，可纳入的企业达到 1700 多家，排放量超过 30 亿吨，能够超越 EU ETS，成为全球最大的碳交易市场。先将电力行业作为一个突破口，其他重点排放行业将逐步纳入。2015 年 9 月的《中美元首气候变化联合声明》提出全国碳交易体系将覆盖钢铁、电力、化工、建材、造纸和有色金属等重点工业行业，以适应我国气候变动与供给侧改革的要求。全国碳市场于2021 年 7 月 16 日正式启动上线交易，市场运行总体平稳。

全国统一碳市场的构建分为三个阶段，即基础建设期、模拟运行期和深化完善期。其中，基础建设期指完成全国统一的数据报送系统、注册登记系统和交易系统的建设；模拟运行期指开展发电行业配额模拟交易，强化市场风险预警与防控机制；深化完善期指发电行业交易主体间开展配额现货交易，且交易仅以履约为目的，已履约的配额注销，剩余配额可跨期交易。而在推进区域试点碳市场向全国市场过渡阶段，试点碳市场仍继续发挥其现有作用，待条件成熟后便向全国统一碳市场过渡。

第二节　碳价对减排影响的实证研究

本节首先探究碳交易体系的减排能力，如果碳交易体系能够减少碳排放、实现控排指标，则证明市场价格在一定程度上能够起到激励减排作用；如果碳交易体系不能完成减排目标，则表明碳价无效。也就是说，确定碳交易体系的减排能力是分析价格信号减排机制的条件。若碳交易不具备降低碳总量或碳强度的能力，则碳价格也无法对减排形成激励与约束机制，碳价格并未引导企业节能减排。基于此，本书采用双重差分模型与半参数双重差分模型对中国试点碳交易市场的减排能力进行分析。

一、欧盟碳交易体系（EU ETS）对减排量的影响

对于欧盟碳交易体系（EU ETS）的减排能力，学者们呈不同观点。

部分学者认为，碳交易政策的实施能够起到显著的碳减排作用。阿布雷尔等（Abrell et al.，2011）认为 EU ETS 两阶段的过渡期与初始配额制度对减排存在影响，完全的拍卖行为能够降低碳排放，但同时降低了参与企业的利润。彼得里克和瓦格纳（Petrick & Wagner，2014）基于德国制造业数据得知 EU ETS 降低了控排企业 1/5 的碳排放量，但未降低就业率与进出口额。瓦格纳等（Wagner et al.，2014）认为 EU ETS 降低了法国制造业企业 15%～20% 的二氧化碳排放量。莱恩等（Laing et al.，2014）对 EU ETS 的预期效果（碳减排与低碳技术发展）与副作用（利润与价格）进行了探讨，认为 EU ETS 平均每年降低 40 百万～80 百万吨二氧化碳排放量，而对创新与投资影响尚无定论。马丁等（Martin et al.）在 2014 年和 2016 年分别对现有文献进行梳理，论述了 EU ETS 对碳排放量、企业利润、创新等多层次、多角度的影响，认为 EU ETS 对碳排放具有显著的负面影响，第一阶段碳排放量下降约 3%，第二阶段排放量下降约 10%～26%；同时，其对效率的影响是不确定的，但仍需要清洁技术的创新以保证 EU ETS 动态效率的提升。

而部分学者认为，碳交易体系的构建并未有效降低碳排放。贾莱特和迪马利亚（Jaraite & Di Maria，2016）采用 2003～2010 年立陶宛企业面板数据测算了 EU ETS 对参与企业的环境与经济绩效影响，认为 EU ETS 并没有促进碳减排，仅对碳强度略有改善。克莱梅森等（Klemetsen et al.，2016）运用挪威工厂数据，认为 EU ETS 各阶段对碳强度均无较大作用，同时由于免费分配制度使得工厂产值增加。贝尔和约瑟夫（Bel & Joseph，2015）认为欧盟碳排放量的降低很大一部分是由于经济危机，而非 EU ETS。

二、中国试点与非试点地区的碳排放现状

（一）碳排放量与碳强度的计算方法

中国省际二氧化碳排放量主要取决于能源消耗量与相应的能源碳排

放系数，具体计算过程如式（2-1）所示：

$$CDE_i = \sum_j CDE_{ij}^t = \sum_j EC_{ij}^t ECF_j SCJ \cdot CEF_j \qquad (2-1)$$

其中，i 表示地区，j 表示能源种类[①]，t 表示时间，CDE_{ij}^t 表示地区 i 在基于 j 类能源消耗所得的二氧化碳排放量，EC_{ij}^t 表示能源消耗量，其具体计算方法如式（2-2）所示，ECF_j 表示 j 类能源的折标准煤系数，29300 表示 29300 千焦每千克，即每千克标准煤包含 29300 千焦的热量，CEF_j 为基于 IPCC（2006）的二氧化碳排放系数。

基于《中国能源统计年鉴》中的地区平衡表，EC_{ij}^t 的选取为能够产生碳排放的项目，其具体计算过程如式（2-2）所示：

$$EC_{ij}^t = TEC_{ij}^t + LA_{ij}^t + TP_{ij}^t + HE_{ij}^t + CO_{ij}^t \qquad (2-2)$$

其中，TEC_{ij}^t 表示地区 i 中 j 类能源的终端能源消耗量[②]，LA_{ij}^t 表示损失量，TP_{ij}^t、HE_{ij}^t 与 CO_{ij}^t 分别表示能够产生碳排放的加工转换投入产出量项目中的火力发电、供热与炼焦三部分。其中，二氧化碳排放系数来自 IPCC 碳排放计算指南《2006 年 IPCC 国家温室气体清单指南》，其他数据来源于《中国能源统计年鉴》。

碳强度为二氧化碳排放量与 GDP 的比值，即 CDEI = CDE/GDP。虽然中国进入新常态导致经济增速下滑，但截至 2015 年 GDP 增长率仍为正，因此总体来看，即使没有碳市场的减排作用，各地区碳强度仍可能是降低的。而本书希望明确在不变价格的基础上，碳强度能够得到真正的下降，即探究碳交易体系能否降低碳强度，因此在计算名义 GDP 下碳强度的同时，也选用以 1978 年为基期的实际 GDP 来获取各地区的碳强度数值。

---

① 能源种类选取原煤、洗精煤、焦炭、焦炉煤气、其他煤气、原油、汽油、煤油、柴油、燃料油、液化石油气、炼厂干气、天然气、其他石油制品、其他焦化产品十五种。

② 终端能源消耗量包括农、林、牧、渔、水利业，工业，建筑业，交通运输、仓储和邮政业，批发、零售和住宿、餐饮业，其他以及生活消费。其中，工业终端消耗量减去用作原料、材料的消耗量。

（二）试点地区与非试点地区的二氧化碳排放量均值

由图 2-3 可知，2006 ~ 2015 年的碳排放量均值（Average Carbon Dioxide Emissions，ACDE）呈上升趋势，其中，2006 ~ 2012 年的碳排放量增速加快，7 年来碳排放量均值由 215.09 百万吨上涨为 333.73 百万吨，增长了约 55.16%；在 2012 ~ 2015 年，碳排放增速减缓，碳排放量均值分别为 333.73 百万吨、348.89 百万吨、350.57 百万吨、335.56 百万吨，4 年来碳排放量的增长率为 5.48%。对比试点地区（ACDE_pr）与非试点地区（ACDE_npr）碳排放量均值可以发现，碳交易体系构建前后试点地区碳排放量均值均低于非试点地区。具体来看，非试点地区的碳排放量均值走势与全国碳排放量均值走势基本一致，增长率始终为正，且增长率呈现先上升后下降的态势；试点地区的碳排放量均值呈波动态势，在 2006 ~ 2011 年有所增长，增长率约为 43.82%，随后在 2012 年略有下降，且在 2013 年上升至 270.17 百万吨，在 2014 ~ 2015 年再次下降。总体来说，非试点地区碳排放量相对较高，且增速稳定，试点地区碳排放量相对较低，且在 2011 年存在增速减缓的态势。

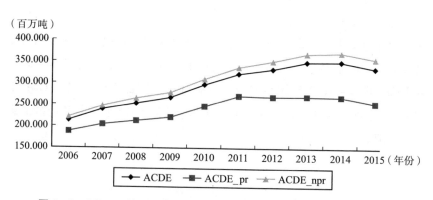

图 2-3 2006 ~ 2015 年试点地区与非试点地区的二氧化碳排放量均值

注：ACDE 指除西藏外中国 30 个省份的二氧化碳排放量均值，ACDE_pr 指"两省五市"的二氧化碳排放量均值，ACDE_npr 指非试点地区的二氧化碳排放量均值。

资料来源：笔者根据公式整理计算。

（三）试点地区与非试点地区的碳强度均值

由图 2 - 4 名义 GDP 下的碳强度均值（Average Carbon Dioxide Emissions Intensity，ACDEI）可知，2006 ~ 2015 年全国碳强度呈下降趋势，由 2006 年的 3.43 吨/万元下降为 1.72 吨/万元，下降了约 49.85%；2008 ~ 2009 年变动率减缓，在 2009 年之后下降率相较提升。非试点地区碳强度均值与全国碳强度变动趋势相同，由 3.74 吨/万元下降为 1.94 吨/万元，下降约 48.13%。试点地区碳强度在碳交易体系构建前后均小于非试点地区，其中，2006 年碳强度均值为 2.17 吨/万元，为非试点地区碳强度均值的 58.02%；2015 年试点地区碳强度均值为 0.88 吨/万元，为非试点地区的 45.36%。

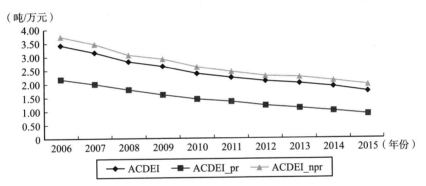

图 2 - 4 2006 ~ 2015 年试点地区与非试点地区的碳强度均值（名义 GDP）

注：ACDEI 指除西藏外中国 30 个省份的碳强度均值，ACDEI_pr 表示"两省五市"的碳强度均值，ACDEI_npr 指非试点地区碳强度均值。
资料来源：笔者根据公式整理计算。

由图 2 - 5 可知，全国、试点地区与非试点地区的平均碳强度基本呈现下降趋势。具体来看，全国碳强度均值在 2006 ~ 2010 年呈下降趋势，由 2006 年的 13.27 吨/万元下降为 2010 年的 11.37 吨/万元，下降了约 14.32%，并在 2011 年略微增加到 11.52 吨/万元，随后呈下降趋势，在 2015 年达到 8.67 吨/万元，总体来看，全国碳强度均值 10 年来下降了约34.66%。非试点地区碳强度均值走势与全国碳强度变动相同，其中，2011年的12.95吨/万元略高于2010年的12.73吨/万元，其他年份均呈下降趋势。试点地区的碳强度均值始终下降，由2006年7.39吨/万元下降为2015年的3.75吨/万元，下降了约49.25%；其中，碳强度均值在2012年、2013年与2015年的下降率最高，分别为9.13%、9.83%和13.85%。

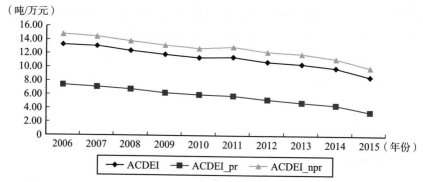

图2-5 2006~2015年试点地区与非试点地区的碳强度均值（实际GDP)

注：ACDEI指除西藏外中国30个省份的碳强度均值，ACDEI_pr指"两省五市"的碳强度均值，ACDEI_npr指非试点地区的碳强度均值。
资料来源：笔者根据公式整理计算。

对比图2-4与图2-5可以发现，实际GDP下的碳强度由于GDP值较低而碳强度值较高，在图2-4中，全国与非试点地区碳强度均值在2007~2009年的增长率略有波动，而在图2-5中，全国与非试点地区碳强度均值的波动率则在2010~2012年有所改变；在图2-4和图2-5中，试点地区的碳强度均值则始终处于下降趋势，其下降速度在碳交易政策提出后快于非试点地区。由此可见，在碳交易政策提出与实施之后，试点地区的碳总量与碳强度均较非试点地区有所下降，但总量与强度的下降到底是出于试点地区碳交易的原因还是能源消费结构、产业结构等社会经济结构特征的变动原因，还需要进一步的实证分析。

三、碳市场减排能力的实证分析

(一) 研究方法

1. 倍差法

倍差法可以过滤结果变量受时间效应和固定效应的干扰，进而获得政策作用的净效应，又被称为双重差分模型。该模型将自然实验中的变量分为处理组和对照组，通过控制两组间系统性差异，分析受到政策冲击的处理组在冲击前后所发生的变动，其基本模型设定如式（2－3）所示：

$$y_{it} = \beta_0 + \beta_1 Pilot_{it} + \beta_2 Time_{it} + \beta_3 Pilot_{it} \times Time_{it} + \sum \delta X_{it} + \varepsilon_{it}$$

$$(2-3)$$

其中，i 为中国除西藏外的 30 个地区，t 为 2006～2015 年，y_{it} 为被解释变量，即碳排放量（CDE）与碳强度（Carbon Dioxide Emissions Intensity，CDEI）；$Pilot_{it}$ 与 $Time_{it}$ 分别为个体虚拟变量和时间虚拟变量，其中，$Pilot_{it} = 1$ 指处理组，即试点碳市场政策的实施地区，否则为非试点地区；$Time_{it} = 1$ 表示政策实施后的时间，否则为未实施政策的时间。由于试点政策的通知于 2011 年底正式发布，而在 2013 年正式开始实施，因此本书选用两个不同的 Time 变量，以验证碳交易的减排能力。第一个变量设定为 2006～2011 年 $Time_{it} = 0$，2012～2015 年 $Time_{it} = 1$；第二个变量设定为 2006～2012 年 $Time_{it} = 0$，2013～2015 年 $Time_{it} = 1$。交叉项 $Pilot_{it} \times Time_{it}$ 表示该政策的净效应，$\sum X$ 为与被解释变量相关的控制变量，ε 为随机扰动项。最终模型如式（2－4）和式（2－5）所示：

$$lnCDE_{it} = \beta_0 + \beta_1 Pilot_{it} + \beta_2 Time_{it} + \beta_3 Pilot_{it} \times Time_{it} + \beta_4 lnGDP_{it}$$
$$+ \beta_5 (lnGDP_{it})^2 + \beta_6 lnIS_{it} + \beta_7 lnPEC_{it} + \beta_8 lnIM_{it}$$
$$+ \beta_9 lnFDI_{it} + \varepsilon_{i,t} \qquad (2-4)$$

$$\ln CDEI_{it} = \beta_0 + \beta_1 Pilot_{it} + \beta_2 Time_{it} + \beta_3 Pilot_{it} \times Time_{it} + \beta_4 \ln PcGDP_{it}$$
$$+ \beta_5 (\ln PcGDP_{it})^2 + \beta_6 \ln IS_{it} + \beta_7 \ln PEC_{it} + \beta_8 \ln IM_{it}$$
$$+ \beta_9 \ln FDI_{it} + \varepsilon_{i,t} \qquad (2-5)$$

其中，变量 GDP/人均 GDP（Per Capita GDP，PcGDP）[①]、产业结构（Industrial Structure，IS）、人均能源消耗量（Per Capita Energy Consumption，PEC）、进口（Import，IM）与外商直接投资水平（Foreign Direct Investment，FDI）为控制变量。为防止出现"伪回归"，本书对控制变量也进行了对数化处理。

2. 半参数倍差法

2011 年 10 月 29 日，《国家发展改革委办公厅关于开展碳排放权交易试点工作的通知》提出，"综合考虑并结合有关地区申报情况和工作基础"同意北京市、天津市、上海市、重庆市、湖北省、广东省及深圳市开展碳排放权交易试点。由此可见，该政策的实施可能并非随机指定试点地区，所以可能会存在样本选择偏误（Sample Selection Bias），而不满足倍差法中政策选择对象随机决定的假设；因此，可采用基于匹配的倍差法进行估计，以解决该问题。处理组的平均处理效应（Average Effect of Treatment on Treated，ATT）如式（2-6）所示：

$$\alpha_{ATT} = E(Y^1_{it+s} - Y^0_{it+s} | T_{it} = 1) = E(Y^1_{it+s} | T_{it} = 1) - E(Y^0_{it+s} | T_{it} = 1)$$
$$(2-6)$$

其中，Y^1_{it+s} 为处理组 i 于时期 t 经事件影响后在第 t+s 年的结果变量，Y^0_{it+s} 为没有经过事件影响后在第 t+s 年的结果变量。然而，由于 $E(Y^0_{it+s} | T_{it} = 1)$ 为反事实效应（Counterfactual Effect），并没有实际发生，该结果无法被观测到，因此可选取对照组 j 在第 t+s 年的结果变量 $E(Y^0_{jt+s} | T_{it} = 0)$ 作为替代变量。采用这些变量的共同影响因素作为匹配变量，进而依据匹配变量从对照组中选取处理组的相应替代。同时，

----

① 人均 GDP 较 GDP 更能体现该地区的经济发展速度，但由于中国人均 GDP 较低，不能对碳排放总量起决定性作用，因此在模型中，碳排放总量模型的解释变量为 GDP，而碳排放强度模型的解释变量为人均 GDP。

为避免出现配对变量过多或过少的问题，本书采用倾向评分匹配（Propensity Score Matching，PSM）方法①进行配对。基于倍差法的倾向评分匹配估计方程如式（2-7）所示，其中，$\hat{\alpha}$ 表示基于匹配的倍差法处理组的平均处理效应。

$$\hat{\alpha} = \frac{1}{n} \sum_{i \in (T=1)} \left(\Delta Y_{it+s} - \sum_{j \in (T=0)} w(p_i, p_j) \Delta Y_{jt+s} \right) \qquad (2-7)$$

因为无法获取各年县级或市级数据，本书仅能采用省级数据进行分析。然而，由于各省间存在显著性的异质性，较难为每一个省份选取一个真实存在的省份进行配对，因此 k 近邻匹配（k-nearest neighbor matching）、卡尺匹配（caliper）与卡尺内最近邻匹配（nearest-neighbor matching with caliper）等方法并不适用。本书选用核匹配（kernel matching）方法，通过依据控制组地区距离不同给予不同的权重来模拟出匹配对象。由于样本较小，本书采用拔靴法（bootstrap）来获取因果效应估计的标准差②。Kernel 配对因果效应估计中，函数 w(·) 的表达式如式（2-8）所示：

$$w(p_i, p_j) = \frac{K\left(\dfrac{p_i - p_j}{h}\right)}{\sum_{j \in (T=0)} K\left(\dfrac{p_i - p_j}{h}\right)} \qquad (2-8)$$

其中，$K(\mu) \propto \exp\left(-\dfrac{\mu^2}{2}\right)$ 为 Gaussian 正太分布函数，h 为带宽参数。

然而，由于倾向评分匹配方法通常要求比较大的样本容量以得到高质量的匹配，而本书受时间与地区的限制，样本容量较小③，采用 PSM 方法会造成模型估计有偏。因此，为减少模型估计误差，本书同时选用 DiD 与 SPDiD 进行估计，以达到相互印证的目的，进而降低 DiD 与 SP-

---

① 该方法属于半参数（semiparametric）方法，因此与倍差法结合后，本文称其为半参数倍差法（Semiparametric DiD）。

② 相较通过 bootstrap 获得 NN 配对因果效应估计的标准差可能产生无效估计，而基于 bootstrap 获得的 kernel 配对因果效应估计的标准差则没有该问题，这也是本书选择 kernel 配对的另一个原因。

③ 基于数据的可得性，时间选取为 2006~2015 年，地区为除西藏外的 30 个地区。

DiD 模型下的各自估计偏差。

（二）数据来源

本书中涉及的各变量来源与计算方法如表 2 - 2 所示，各数据来源于《中国能源统计年鉴》、《中国统计年鉴》与各地区统计年鉴。

表 2 - 2   数据来源与计算方法

符号	变量名称	计算方法
CDE	二氧化碳排放量	见式（2 - 1）
CDEI	碳强度	二氧化碳排放量/名义 GDP 和实际 GDP
GDP	GDP	名义 GDP、以 1978 年为基期的实际 GDP
PcGDP	人均 GDP	名义 GDP 和实际 GDP/总人口
IS	产业结构	第三产业结构增加值/GDP
PEC	人均能源消耗量	能源消耗量/总人口
IM	进口	进口总额/GDP*
FDI	外商直接投资水平	外商直接投资/GDP

    *：按照境内目的地和货源地划分的进口总额，由于该数据按照美元标价，因此按照该年的汇率转换为人民币，求其与 GDP 的比值。

（三）碳交易政策对碳减排影响的实证结果

由表 2 - 3 可知，从列（1）、列（2）碳排放量角度来看，核心解释变量 $Pilot \times Time_1$ 和 $Pilot \times Time_2$ 不显著，表明六个碳市场总体上并没有起到降低二氧化碳排放量的效果。从列（Ⅰ）~列（b）碳强度角度来看，核心解释变量 $Pilot \times Time_1$ 和 $Pilot \times Time_2$ 均显著为负，表明政策自提出至实施存在滞后效应，碳市场构建政策的实施有效降低了试点地区的碳强度。

表 2 - 3　　　　　试点碳交易政策对碳减排影响的 DiD 结果

变量	lnCDE		lnCDEI			
	（1）	（2）	（Ⅰ）	（Ⅱ）	（a）	（b）
Constant	- 0.094 （ - 0.05）	0.011 （0.01）	0.454 ** （2.43）	0.474 *** （2.71）	0.416 ** （2.08）	0.405 ** （2.05）
Pilot	- 0.270 ** （ - 2.68）	- 0.260 ** （ - 2.61）	- 0.105 * （ - 1.76）	- 0.108 * （ - 1.80）	- 0.122 * （ - 1.98）	- 0.122 * （ - 1.95）
$Time_1$	- 0.275 *** （ - 5.22）		0.035 （1.02）		0.014 （0.45）	
$Time_2$		- 0.244 *** （ - 4.16）		0.068 ** （2.13）		0.047 （1.46）
$Pilot \times Time_1$	0.009 （0.17）		- 0.071 ** （ - 2.27）		- 0.063 ** （ - 2.05）	
$Pilot \times Time_2$		- 0.007 （ - 0.13）		- 0.063 * （ - 1.94）		- 0.060 * （ - 1.87）
lnGDP	1.317 ** （2.39）	1.305 ** （2.35）				
$[lnGDP]^2$	- 0.033 （ - 0.95）	- 0.033 （ - 0.94）				
lnPcGDP			- 1.135 *** （ - 10.30）	- 1.145 *** （ - 10.40）	- 0.866 *** （ - 12.18）	- 0.892 *** （ - 12.67）
$[lnPcGDP]^2$			0.077 （1.63）	0.070 （1.49）	0.064 （1.53）	0.064 （1.57）
lnIS	- 0.663 *** （ - 2.84）	- 0.677 ** （ - 2.76）	- 0.376 ** （ - 2.70）	- 0.387 *** （ - 2.84）	- 0.363 *** （ - 3.05）	- 0.383 *** （ - 3.23）
lnPEC	0.558 *** （5.65）	0.532 *** （5.17）	1.079 *** （9.78）	1.093 *** （9.71）	1.044 *** （8.47）	1.056 *** （8.42）
lnIM	- 0.127 ** （ - 2.51）	- 0.119 *** （ - 2.32）	0.030 （0.71）	0.037 （0.87）	0.013 （0.34）	0.022 （0.56）

变量	lnCDE		lnCDEI			
	(1)	(2)	(Ⅰ)	(Ⅱ)	(a)	(b)
lnFDI	-0.135 ** (-2.57)	-0.133 *** (-2.41)	-0.007 (-0.37)	-0.003 (-0.17)	-0.018 (-0.98)	-0.014 (-0.72)
Observations	300	300	300	300	300	300
R^2	0.8911	0.8853	0.8932	0.8941	0.9104	0.9107
时间固定效应	Y	Y	Y	Y	Y	Y
个体固定效应	Y	Y	Y	Y	Y	Y
控制变量	Y	Y	Y	Y	Y	Y

注：列（1）、列（2）表示被解释变量为二氧化碳排放量的模型回归结果；列（Ⅰ）~列（Ⅱ）和列（a）~列（b）表示被解释变量为碳排放强度的模型回归结果，且分别表示名义GDP下的碳强度和实际GDP下的碳强度。其中，列（1）、列（Ⅰ）与列（a）表示2006~2011年 $Time_{it}=0$，2012~2015年 $Time_{it}=1$；列（2）、列（Ⅱ）与列（b）表示2006~2012年 $Time_{it}=0$，2013~2015年 $Time_{it}=1$。***、**、*分别表示在1%、5%、10%的水平上显著。模型进行了多重共线性检验，下同，不再赘述。

由于试点碳交易市场配额采取总量控制原则，而该总量数值则依据五年规划中各地区碳强度下降指标计算所得，碳市场的构建显著降低了试点地区碳强度，这一结果表明6个试点碳市场实现了政策实施目的，完成了减排要求。

从控制变量来看，GDP对碳排放量呈显著正相关，且不存在倒U型关系，现阶段的中国仍处于粗放型经济增长方式，经济发展带动了碳排放的增加；而人均GDP对碳强度呈显著负相关，主要是在碳总量保持不变的基础上，碳强度随着人均GDP的增加而下降。产业结构对碳排放呈显著的负相关关系，第三产业的发展有利于完善现有经济体制，缓解就业压力，再加上第三产业包括金融业、餐饮业等低碳行业，对比第二产业，能够有效降低碳排放。人均能源消耗量促进了碳排放，现阶段的中国仍处于粗放型经济增长方式，仍采用化石能源的消耗带动工业企业产品生产。进口抑制了碳排放量的增长，使得国内生产减少而碳排放降低，但进口降低了GDP，从而导致进口对碳强度影响不显著。与进口对碳排放影响相似，外商直接投资对碳排放量呈显著的负相关关系，而对碳强度影响不显著。

由于政策可能不是随机选取的试点地区，而是根据地区经济发展水平与能源结构等因素进行选取的，可能存在选择偏误，因此采用SPDiD模型进行验证，结果如表2-4和表2-5所示。其中，表2-4选取2011年与2012年数据为基期，而表2-5则采用2006~2011年与2006~2012年数据为基期。

表2-4 试点碳交易政策对碳减排影响的SPDiD稳健性检验（1）

变量	lnCDE			lnCDEI			
	（1）	（2）	（3）	（4）	（5）	（6）	（7）
Pilot	0.045 (0.10)	-0.368 (-0.71)	0.012 (0.03)	-0.045 (-0.17)	-0.24 (-0.81)	-0.173 (-0.65)	-0.165 (-0.62)
Pilot × Time$_1$	-0.127 (-0.21)			-0.489* (-1.76)		-0.550** (-1.98)	
Pilot × Time$_2$		-0.105 (-0.18)	0.091 (0.21)		-0.446* (-1.66)		-0.575** (-2.01)
时间固定效应	Y	Y	Y	Y	Y	Y	Y
个体固定效应	Y	Y	Y	Y	Y	Y	Y
控制变量	Y	Y	Y	Y	Y	Y	Y

注：列（1）~列（7）中将对lnCDE与lnCDEI有影响的协变量作为匹配变量，以排除更多混杂因素的影响，因此本书指定lnGDP（碳排放量模型）、lnPcGDP（碳强度模型）、lnIS、lnPEC、lnIM、lnFDI作为匹配变量。在列（1）、列（3）~列（7）中的协变量检验结果显示，进行倾向得分匹配后，协变量均值在处理组与控制组之间没有显著差异，各变量在处理组和控制组的分布变得均衡；而在列（2）中，lnPEC变量未通过协变量检验，因此在列（2）的匹配中去除了变量lnPEC。同时，由于本书样本数较少，因此采用Bootstrap estimation估计标准差。对比采用logit模型进行协变量的选取，并将其他变量作为控制变量加入DiD模型中，也获得了一致的结果，即政策对碳排放量无效，对碳强度下降有效。其中，列（1）~列（3）被解释变量为碳排放量lnCDE，匹配变量lnGDP为实际GDP；列（4）~列（7）被解释变量为碳强度lnCDEI，其中，列（4）~列（5）为名义GDP下的碳强度，匹配变量lnPcGDP为名义人均GDP，列（6）~列（7）为实际GDP下的碳强度，匹配变量lnPcGDP为实际人均GDP。且列（1）~列（3）为碳排放量模型，其中，列（1）以2011年为基期进行匹配，列（2）以2012年为基期进行匹配；列（4）~列（7）为碳强度模型，其中，列（4）和列（6）以2011年为基期进行匹配，列（5）和列（7）以2012年为基期进行匹配。**、*分别表示在5%、10%的水平上显著。

表 2 – 5   试点碳交易政策对碳减排影响的 SPDiD 稳健性检验（2）

变量	lnCDE		lnCDEI			
	（1）	（2）	（3）	（4）	（5）	（6）
Pilot	– 0.013 (– 0.06)	– 0.065 (– 0.37)	– 0.258 *** (– 2.70)	– 0.231 ** (– 2.41)	– 0.131 (– 1.50)	– 0.167 ** (– 2.09)
Pilot × Time1	0.512 (1.43)		– 0.262 ** (– 1.98)		– 0.189 * (– 1.74)	
Pilot × Time2		0.168 (0.50)		– 0.267 * (– 1.65)		– 0.215 * (– 1.70)
时间固定效应	Y	Y	Y	Y	Y	Y
个体固定效应	Y	Y	Y	Y	Y	Y
控制变量	Y	Y	Y	Y	Y	Y

注：列（1）~列（7）中指定 lnGDP（碳排放量模型）、lnPcGDP（碳强度模型）、lnIS、lnPEC、lnIM、lnFDI 作为匹配变量。同样，本部分采用 Bootstrap estimation 估计标准差。对比采用 logit 模型进行协变量的选取，并将其他变量作为控制变量加入 DiD 模型中，也获得了一致的结果，即政策对碳排放量无效，对碳强度下降有效。其中，列（1）~列（2）被解释变量为碳排放量 lnCDE，匹配变量 lnGDP 为实际 GDP；列（3）~列（6）被解释变量为碳强度 lnC-DEI，其中，列（3）~列（4）为名义 GDP 下的碳强度，匹配变量 lnPcGDP 为名义人均 GDP，列（5）~列（6）为实际 GDP 下的碳强度，匹配变量 lnPcGDP 为实际人均 GDP。且列（1）~列（2）为碳排放量模型，其中，列（1）以 2006~2011 年为基期进行匹配，列（2）以 2006~2012 年为基期进行匹配。列（3）~列（6）为碳强度模型，其中，列（3）和列（5）以 2006~2011 年为基期进行匹配，列（4）和列（6）以 2006~2012 年为基期进行匹配。*** 、** 、* 分别表示在 1%、5%、10% 的水平上显著。

由表 2 – 4 与表 2 – 5 可知，交互项 Pilot × Time 系数在被解释变量为 lnCDE 的模型中不显著，而在被解释变量为 lnCDEI 的模型中显著为负，表明碳交易对碳总量没有影响，而降低了试点地区碳强度。验证了上述结果。

综上所述，碳交易体系对试点地区的碳排放量无影响，但能够降低其碳排放强度，这主要是由于现阶段碳配额总量是由各地区碳强度下降指标测算决定的。碳市场机制的减排本质是基于配额价格变动所引起的控排企业绿色技术创新和改进，因此，通过本节碳市场的减排能力判定，可以认为基于价格机制的中国碳市场促进了碳减排活动的进行，也就是碳价对减排具有促进作用。

第三节 减排对碳价冲击的实证研究

简·丁伯根 (J. Tinbergen) 与佳林·库普曼斯 (T. Koopmans) 分别在 1956 年和 1949 年提出影子价格是均衡条件下生产要素内在的价格, 并提出了影子价格的会计价格和效率价格。CO_2 影子价格即为减少一单位 CO_2 的边际成本[①]。碳减排过程会对碳影子价格造成冲击, 减排量越大, 碳影子价格越高。因此, 本节通过计算不同年份各地区的碳排放影子价格的差异与变动来说明减排对碳价的冲击作用。

一、中国二氧化碳排放影子价格

(一) 碳排放影子价格理论模型

目前碳影子价格的测算主要包括三类方法 (魏楚, 2014)。第一类为基于专家型的 CO_2 减排成本模型。例如著名的麦肯锡减排曲线, 其按照先进的减排措施设定参照基准线, 对比分析不同国家减排措施下的减排成本, 按照从低到高的顺序进行排序, 进而获得边际减排成本曲线。第二类为基于经济—能源模型的 CO_2 减排成本。通过构建局部或一般均衡模型, 改变约束条件来获得边际减排成本。第三类为基于微观供给侧的 CO_2 减排成本模型。通过多投入—多产出的环境生产技术, 设定经济约束的生产可能集, 测算边际碳减排成本。三类方法各有优缺点, 例如麦肯锡减排曲线囊括了不同国家与全球的边际减排成本, 较为直观且易于理解, 但其成本曲线中的"负成本"概念与有效市场不符, 且没有考虑潜在的成本与收益; 而基于经济—能源模型的 CO_2 减排成本测算方法较为复杂, 对

---

① 边际减排成本实际上有两层含义: 第一, 在技术不变或无减排投资约束下, 当减少一单位非期望产出 (CO_2) 所付出的期望产出 (GDP) 的代价; 第二, 减排技术投资的边际成本。本节所指的边际减排成本是指第一种, 后续会对其进一步解释, 由于该碳排放影子价格是在技术水平、产业结构等因素不变的条件下测算的, 因此为碳价的上限。

均衡模型中的变量选取较为敏感, 易与现实情况呈现较大偏差; 近年来, 采用基于微观供给侧的 CO_2 减排成本模型的文献较多, 主要是由于该方法较基于经济—能源模型的 CO_2 减排成本测算方法而言, 更为简便, 且根据生产模型进行理论推导, 能够获得较为精准的碳影子价格。

在基于微观供给侧的 CO_2 减排成本模型中, 又分为参数与非参数方法。前者采用一个预先确定的模型形式, 例如参数法中测算影子价格一般包括基于 Shepard 投入距离函数、基于 Shepard 产出距离函数与基于方向性距离函数, 其中, 前两者一般采用超越对数函数, 后者则采用二次项函数, 均为确定函数形式; 而非参数法主要基于数据包络方法, 相较参数法, 非参数方法不需要对方向距离函数进行先验假设, 所以不会因函数设定问题出现误差, 导致影子价格测算偏差。因此, 本书采用非参数法进行中国省际碳影子价格的测度。

假设 N 个决策单元中, $x_m = (x_1, x_2, \cdots, x_m) \in R_+^M$ 表示某一决策单元中的 M 种投入, $y_s = (y_1, y_2, \cdots, y_s) \in R_+^S$ 表示 S 种期望产出, $b_j = (b_1, b_2, \cdots, b_j) \in R_+^J$ 表示 J 种非期望产出。则其生产可能集为: $P(x) = \{(x, y, b): x \text{ can produce}(y, b)\}$。在现有文献中, 多采用径向的方向性距离函数 (Directional Distance Function, DDF) 测度影子价格, 使得期望产出与非期望产出同比例增加与减少, 而忽略了投入与产出变量的松弛性问题, 进而导致影子价格测算偏差。本书提出了一般化的非径向、非角度方向性距离函数 (Non-radial Directional Distance Function, ND-DF), 该函数包含了期望产出与非期望产出的生产可能性组合, 并弥补了径向方法中投入产出同比例变动的缺陷。将该非径向、非角度方向性距离函数定义为: $\vec{D}(x, y, b; g) = \sup\{w^T\beta: ((x, y, b) + g \times \text{diag}(\beta)) \in T\}$。其中, x, y, b 分别表示投入、期望产出与非期望产出; $w = (w^x, w^y, w^b)^T$ 为标准化的权重向量, $g = (g^x, g^y, g^b)$ 为方向向量, $\beta = (\beta^x, \beta^y, \beta^b)^T$ 为投入减少和期望产出增加、非期望产出减少的变化比例。基于数据包络分析模型, 非径向方向性距离函数的数学规划如式 (2-9) 所示:

$$\vec{D}(x, y, b; g) = \max\left\{\sum_{m=1}^{M} w_m^x \beta_m^x + \sum_{s=1}^{S} w_s^y \beta_s^y + \sum_{j=1}^{J} w_j^b \beta_j^b\right\}$$

$$\text{s. t.}\begin{cases} \sum_{n=1}^{N} z_n x_{mn} \leqslant x_m - \beta_m^x g_m^x & m = 1, 2, 3, \cdots, M \\[2mm] \sum_{n=1}^{N} z_n y_{sn} \geqslant y_s + \beta_s^y g_s^y & s = 1, 2, 3, \cdots, S \\[2mm] \sum_{n=1}^{N} z_n b_{jn} = b_j - \beta_j^b g_j^b & j = 1, 2, 3, \cdots, J \\[2mm] z_n \geqslant 0, \ n = 1, 2, 3, \cdots, N, \ \beta_m^x, \ \beta_s^y, \ \beta_j^b \geqslant 0 \end{cases} \quad (2-9)$$

由于该指标仅能进行当期碳影子价格对比，为分析历年来影子价格的变动，基于帕斯特尔和洛弗尔（Pastor & Lovell，2005）提出的全域（global）概念，即包络各年共同前沿的技术前沿包络面，该方法使得测度的影子价格具有传递性，能够在样本期内进行历年的比较。碳排放效率构建如式（2-10）所示：

$$TFC_i = \frac{(CO_2 - \beta^b CO_2)/(GDP + \beta^y GDP)}{CO_2/GDP} = \frac{1 - \beta^b}{1 + \beta^y} \quad (2-10)$$

在利润最大化目标下，各 DMU 的决策如式（2-11）所示：

$$Max P_Y Y - P_X X - P_B B$$

$$\text{s. t. } D((1 - \beta_m^x)X, \ (1 + \beta_s^y)Y, \ (1 - \beta_m^x)X) = 1 \quad (2-11)$$

其中，P_Y 为期望产出的价格向量，P_X 为投入的价格向量，P_B 为非期望产出的价格向量。为求得式（2-11），构建拉格朗日方程，如式（2-12）所示：

$$Max \ P_Y Y - P_X X - P_B B + \varphi(D((1 - \beta_m^x)X, \ (1 + \beta_s^y)Y, \ (1 - \beta_m^x)X) - 1)$$

$$(2-12)$$

其中，φ 为拉格朗日乘子。因此，式（2-12）的一阶条件为：

$$P_Y + \varphi \frac{\partial D((1 - \beta_m^x)X, \ (1 + \beta_s^y)Y, \ (1 - \beta_m^x)X)}{\partial Y}(1 + \beta_s^y) = 0$$

$$(2-13)$$

$$-P_X + \varphi \frac{\partial D((1 - \beta_m^x)X, \ (1 + \beta_s^y)Y, \ (1 - \beta_m^x)X)}{\partial X}(1 - \beta_m^x) = 0$$

$$(2-14)$$

$$-P_B + \varphi \frac{\partial D((1-\beta_m^x)X,\ (1+\beta_s^y)Y,\ (1-\beta_m^x)X)}{\partial B}(1-\beta_j^b) = 0$$

$$(2-15)$$

$$D((1-\beta_m^x)X,\ (1+\beta_s^y)Y,\ (1-\beta_m^x)X) - 1 = 0 \qquad (2-16)$$

其中，式（2-13）、式（2-14）与式（2-15）分别为拉格朗日乘子对应于期望产出、投入与非期望产出的一阶条件，式（2-16）则表示 DMU 决策单元位于生产前沿面。那么，碳排放的相对影子价格如式（2-17）所示：

$$\frac{P_B}{P_Y} = -\frac{\partial D((1-\beta_m^x)X,\ (1+\beta_s^y)Y,\ (1-\beta_m^x)X)/\partial B}{\partial D((1-\beta_m^x)X,\ (1+\beta_s^y)Y,\ (1-\beta_m^x)X)/\partial Y} \cdot \frac{1-\beta_j^b}{1+\beta_s^y}$$

$$(2-17)$$

其中，$\partial D((1-\beta_m^x)X,\ (1+\beta_s^y)Y,\ (1-\beta_m^x)X)/\partial B$ 与 $\partial D((1-\beta_m^x)X,\ (1+\beta_s^y)Y,\ (1-\beta_m^x)X)/\partial Y$ 分别为非期望产出与期望产出的对偶变量，$\dfrac{1-\beta_j^b}{1+\beta_s^y}$ 则为该 DMU 的全要素碳排放效率。

（二）数据来源

本书选取资本存量、劳动力与能源作为投入要素，地区产值与碳排放量分别为期望产出与非期望产出，并选用 2006~2015 年除西藏外中国 30 个省份的数据测算碳排放影子价格。

1. 投入变量

针对劳动（L），本书选取各地区年末就业人数来表征。

针对资本（C），本书基于何枫等（2003）、张军等（2004）与单豪杰（2008）等学者对于资本存量的测算经验，采用永续盘存法测算各地区资本存量的数据，其计算方法为如式（2-18）所示：

$$K_t = K_{t-1}(1-\delta) + I_t \qquad (2-18)$$

其中，K_t 为第 t 年的资本存量，δ 为折旧率，I_t 为第 t 年的固定资产投资。折旧率选取单豪杰（2008）的测算方法，各地区折旧率统一选取 10.96%，固定资产投资则基于《中国统计年鉴》公布的各地区固定资产投资额进行核算，并以 1978 年为基期进行调整。

针对能源（E），本书选取各地区能源消耗总量来表征。

2. 产出变量

针对期望产出，本书选取国内生产总值（GDP）表示，为保证数据口径一致，GDP 调整为以 1978 年为基期。

非期望产出的二氧化碳排放量测算方法与前述相同。

（三）碳排放影子价格实证结果

从图 2 - 6 可知，除 2009 年外，2006 ~ 2015 年各地区碳排放影子价格均值呈上升趋势，这表明随着减排活动的进行与经济发展水平的提高，减少一单位二氧化碳所损失的 GDP 增加；同时也体现出，受碳减排对碳价的冲击，碳价格随着减排的进行逐渐上升。具体来看，2006 ~ 2011 年碳影子价格上升速度较慢，6 年间碳影子价格由 189.830 元/吨上升为 225.383 元/吨，增长率为 18.73%，2012 年至 2015 年影子价格波动较大，由 261.890 元/吨上升为 458.421 元/吨，增长了约 75.04%，远高于 2006 ~ 2011 年的增长率。碳排放影子价格的上升表明碳减排的成本增加。

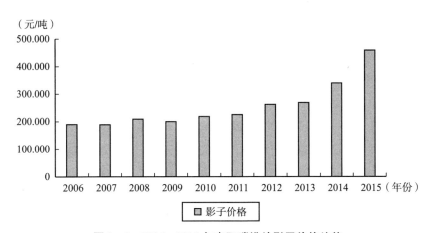

图 2 - 6 2006 ~ 2015 年省际碳排放影子价格均值

资料来源：笔者根据公式整理计算。

由图 2-7 可以看出，各区域碳影子价格走势略有差异，但总体来看，均呈现上升趋势，且呈现东部地区影子价格最高，其次为中部地区，最后为西部与东北地区的态势。东部地区 2006~2015 年呈波动上升态势，其中由 2006 年的 342.090 元/吨上升到 2008 年的 427.220 元/吨，随后在 2009~2011 年有所下降，到 2012 年增长至 474.648 元/吨，2013~2015 年的碳影子价格增速相对较快，由 2013 年的 461.015 元/吨到 2015 年 795.004 元/吨，增长率达到 72.45%；中部地区中，2006 年碳影子价格相对较高，为 164.591 元/吨，随后在 2007 年下降到 119.343 元/吨，并在 2008~2015 年呈现上升趋势，其中，2015 年的碳影子价格为 329.984 元/吨，10 年间增长率为 100.49%；西部地区在 2006~2008 年的碳影子价格呈下降趋势，随后在 2009~2015 年呈现上升趋势。

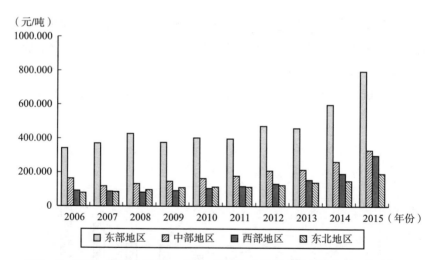

图 2-7 2006~2015 年东部、中部、西部与东北地区①碳排放影子价格均值

资料来源：笔者根据公式整理计算。

———————

① 四大区域东部、中部、西部和东北地区划分依据中国统计局。其中，东部地区包括北京、天津、河北、上海、江苏、浙江、福建、山东、广东、海南 10 个省份；中部地区包括山西、安徽、江西、河南、湖北、湖南 6 个省份；西部地区包括内蒙古、广西、重庆、四川、贵州、云南、西藏、陕西、甘肃、青海、宁夏、新疆 12 个省份；东北地区包括辽宁、吉林、黑龙江 3 个省份。

由图 2-8 可知，上海的碳排放影子价格最高，2006~2015 年的均值为 919.607 元/吨，其次为北京，2006~2015 年 10 年影子价格均值为 879.264 元/吨，随后为海南、广东、四川、福建。而宁夏的碳排放影子价格最低，其次为新疆、山西与内蒙古。

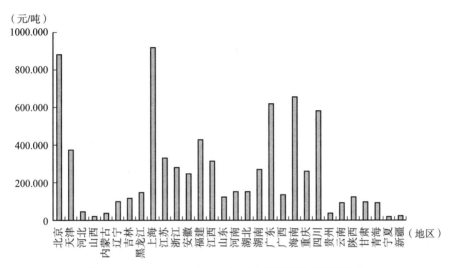

图 2-8 2006~2015 年 30 个地区碳排放影子价格均值

资料来源：笔者根据公式整理计算。

总体来说，四大区域与 30 个地区中的碳排放影子价格和其经济发展水平呈一定的正相关关系，同时也与该地区能源消耗、环境水平相关。例如北京、上海、广东与福建等地区，由于交通便利、对外开放水平与投资水平高、生产效率高，导致碳排放影子价格较高，也表明边际减排成本较高，减少一吨二氧化碳损失的 GDP 较多；低碳排名第一的海南，则是因为作为旅游型地区，碳污染较低，影子价格较高；而宁夏、新疆与贵州等地，由于处于内陆，投资较少，生产率较低，技术水平落后，二氧化碳减排潜力大，导致碳影子价格较低；而山西和内蒙古作为产煤大省，环境污染严重，通过提升能源开发效率，促进技术创新可以有效改善碳排放情况，因此减排成本相对较低；而东三省则由于体制问题导致原本具有优势的重工业竞争力下降，同时因为碳排放量大而使得碳排放效率较低，导致减排成本也较低。

由此可以得出，一般来说，碳排放量较大、碳排放效率低的地区，碳排放影子价格也较低，当降低一吨二氧化碳排放量时，损失的 GDP 较小。因为该地区的二氧化碳排放量较大，是由能源利用率低、技术创新不够等劣势所造成的，因此当改善这些问题后，可以有效降低碳排放量。相应地，碳排放量较低、碳排放效率高的地区，由于减排潜力较小，减排具有较昂贵的成本，因此碳排放影子价格相对较高。总体来说，经济发展水平、碳排放效率两者均与碳排放影子价格呈正相关关系，不同地区由于碳减排成本不同，面临的困境也不相同，因此所颁布的经济政策、减排制度也不尽相同。当中国步入新常态经济模式后，经济下行，各地区经济发展速度均面临考验，在经济结构调整势在必行之时，需要考虑碳影子价格对国家层面与地区层面经济结构调整可能存在的影响，进而选择合理的减排方式。

由于各地区碳影子价格差异较大，因此，本书分别基于不同地区 GDP 占比和二氧化碳排放量占比测算全国碳影子价格的加权平均值，计算过程如式（2-19）所示。

$$WSP^j = \sum_i^n w_{it}^j \times sp_{it} \qquad (2-19)$$

其中，j 表示分别以 GDP 和碳排放量为权重，i 表示中国 30 个地区，t 表示 2006～2015 年，WSP^j 表示以 GDP 和碳排放为权重的碳影子价格的加权平均值，w_{it}^1 表示第 i 个地区在第 t 年以实际 GDP 占全国实际 GDP 的比重，w_{it}^2 表示第 i 个地区在第 t 年以二氧化碳排放量占全国碳排放量的比重，sp_{it} 表示第 i 个地区在第 t 年的碳影子价格。

由表 2-6 可知，以实际 GDP 为权重测算所得的影子价格加权平均值在 2006～2015 年总体呈上升趋势，仅在 2009 年略有下降，其中，2006 年碳影子价格加权平均值为 218.413 元/吨，上升至 2015 年的 572.862 元/吨，增长了约 162.28%；以 CO_2 为权重所测算的影子价格加权平均值在 2006 年为 158.204 元/吨，随后与 GDP 为权重测得的影子价格加权平均值类似，其总体呈现上升趋势，仅在 2009 年略有下降，后在 2015 年上升到 386.834 元/吨，增长率为 144.52%。对比两类碳影子价格的加权平均值，以 CO_2 为权重的影子价格值由于 CO_2 较高地区碳影子价格较低，而呈现了比 GDP 为权重的影子价格加权平均值低的结果。由于碳交易体系构建的目的在于激励与约束各地区的碳减排活动，碳交易体系是以减排活动为主，因此以 CO_2 为权重的加权平均的影子价格更适宜作为相关碳价的参考。

表 2-6　　　　　　　全国碳影子价格的加权平均值

年份	GDP 占比（元/吨）	CO_2 占比（元/吨）
2006	218.413	158.204
2007	230.179	159.193
2008	260.957	178.399
2009	256.280	175.994
2010	260.659	180.434
2011	272.273	185.991
2012	323.137	217.129
2013	337.200	236.493
2014	437.577	295.903
2015	572.862	386.834

资料来源：笔者根据公式整理计算。

对比表 2-7 能够发现，本节采用的全域非径向方向性距离函数法（Global NDDF）求得的影子价格与其他文献中测算的基本相似，但略低于径向方法（DDF）所测度的中国碳影子价格，这主要是由于径向方法中投入产出变动比例相同，导致影子价格测算结果偏大，本书测算的该影子价格偏误较小。

表 2 - 7 部分文献中 CO_2 影子价格范围或均值

序号	作者	样本时间	样本	方法	CO_2 影子价格范围或均值
1	马拉丹和瓦西列夫（2005）	1985	76 个发达与发展中国家	DDF	1160 ~ 5220 美元/吨
2	帕克和莉姆（Park & Lim, 2009）	2001	韩国 20 个发电厂	ODF	14.04 欧元/吨
3	李（Lee, 2011）	2007	韩国 52 个化石燃料发电厂	ODF	14.63 美元/吨
4	魏等（Wei et al., 2012）	1995 ~ 2007	中国 29 个省份	DDF	114.4 元/吨（2005 年不变价）
5	王等（Wang et al., 2011）	2007	中国 29 个省份	DDF	475.2 元/吨
6	崔等（Choi et al., 2012）	2001 ~ 2010	中国 30 个省份	NDDF	6.94 ~ 7.44 美元/吨
7	李等（Lee et al., 2012）	2009	中国 30 个制造业部门	IDF	3.13 美元/吨
8	松下等（Matsushita et al., 2012）	2000 ~ 2009	日本 9 个电力公司	DDF	39 美元/吨
9	袁等（Yuan et al., 2012）	2004、2008	中国 29 个地区 24 个工业部门	DDF	200 ~ 120300 元/吨
10	魏等（Wei et al., 2013）	2004	中国 124 个发电企业	DDF	2059.8 元/吨
11	陈（Chen, 2013）	1980 ~ 2010	中国 38 个工业部门	DDF	52 ~ 1689 元/吨
12	陈诗一（2010）	1980 ~ 2008	中国 38 个工业两位数行业	DDF	3.27 万元/吨（1990 年不变价）
13	刘明磊等（2011）	2005 ~ 2007	中国 30 个省份	DDF	1739 元/吨
14	魏楚（2014）	2001 ~ 2008	中国 104 个城市	DDF	1752 元/吨

注：DDF 指径向的方向性距离函数（Directional Distance Function），ODF 指产出距离函数（Output Distance Function），IDF 指（Input Distance Function），NDDF 指非径向、非角度的方向性距离函数（Non-radial Directional Distance Function）。

二、碳效率幻觉

（一）理论模型

随着节能减排措施的出台与实施，各地区碳排放效率总体呈上升趋势，然而多数文献却忽视了效率提升的同时其减排成本也在增加。而减排成本的提升引发了效率幻觉现象。在减排过程中，不断提升的碳影子价格也与之密切相关。因此，基于王连芬和戴裕杰（2017）构建碳效率幻觉指标（Carbon Efficiency Illusion，CEI），表示为总减排成本（Total Abatement Cost，TAC）增长率与GDP（Y）增长率之比，如式（2-20）所示：

$$\text{CEI} = \frac{\dfrac{\text{TAC}_t - \text{TAC}_{t-1}}{\text{TAC}_{t-1}}}{\dfrac{Y_t - Y_{t-1}}{Y_{t-1}}} = \frac{\dfrac{\text{TAC}_t}{\text{TAC}_{t-1}} - 1}{\dfrac{Y_t}{Y_{t-1}} - 1} = \frac{\dfrac{\sum_{i=1}^{n} \text{SP}_{t,i} C_{t,i}}{\sum_{i=1}^{n} \text{SP}_{t-1,i} C_{t-1,i}} - 1}{\dfrac{Y_t}{Y_{t-1}} - 1}$$

$$(2-20)$$

其中，t 表示时间，CEI 表示效率幻觉指标，当总成本增长率高于GDP 增长率时，该指标大于 1，表示高幻觉范围；当该指标小于 1 时，为低幻觉范围；当因总成本增长率小于 0 而导致幻觉指标小于 0 时，表明不存在幻觉现象。SP_i 与 C_i 分别表示第 i 种污染物的影子价格与排放量。由于本书仅涉及一种污染物，因此选取 i = 1，则 SP 与 C 分别表示碳排放影子价格与碳排放量。

为实现减排情况的真正改善，也就是需要达到低碳效率幻觉，即 CEI < 1。推导过程如式（2-21）~式（2-23）所示。由于近年来中国 GDP 增长率始终为正，因此满足 $Y_t > Y_{t-1}$。

$$\frac{\dfrac{SP_t \times C_t}{SP_{t-1} \times C_{t-1}} - 1}{\dfrac{Y_t}{Y_{t-1}} - 1} < 1 \qquad (2-21)$$

$$\frac{SP_t \times C_t}{SP_{t-1} \times C_{t-1}} < \frac{Y_t}{Y_{t-1}} \qquad (2-22)$$

$$\frac{SP_t}{SP_{t-1}} < \frac{Y_t}{Y_{t-1}} \times \frac{C_{t-1}}{C_t} = \frac{CI_{t-1}}{CI_t} \qquad (2-23)$$

其中，CI 表示碳排放强度，当满足中国碳减排指标的要求时[1]，$CI_{t-1} > CI_t$。由此：若实现低碳效率幻觉（CEI < 1）的目的，碳排放影子价格和碳强度需满足 $\dfrac{SP_t}{SP_{t-1}} < \dfrac{CI_{t-1}}{CI_t}$。

（二）碳排放效率幻觉值

由图 2-9 可知，2007～2015 年中国碳排放效率幻觉总体呈波动上升趋势，由 2007 年的 1.007 最终上升到 2015 年的 3.887，增长率为 286.00%，其中，在 2009 年与 2011 年出现下降态势。从四大区域来看，各区域也基本呈现波动上升趋势：东部地区碳效率幻觉在 2006～2015 年主要呈现"上升—下降—上升—下降—上升"的变动态势，幻觉值由 2007 年的 1.472 最终上升到 2015 年的 3.115，增长了约111.62%；中部地区效率幻觉变动与全国层面效率幻觉值变动规律相同，但在 2007 年效率幻觉值为负，为 -0.024，表明该年份中部地区不存在效率幻觉，随后到 2015 年增长为 3.783；西部地区除 2011 年外，自 2007～2015 年效率幻觉呈上升趋势，由 1.077 上升到 4.656；东北地区效率幻觉波动相对较低，但也呈现上升态势，由 2007 年的 1.396 增长到 2015 年的 3.333，增长了约138.75%。从各地区来看，2007 年有 9个地区为低效率幻觉（CEI < 1）和无效率幻觉（CEI < 0），而 2015 年

---

① 本书数据选取时间为 2010～2015 年，这 6 年来中国碳强度始终处于下降态势，即能够保证 $CI_{t-1} > CI_t$。

仅 2 个地区为低效率幻觉和无效率幻觉。

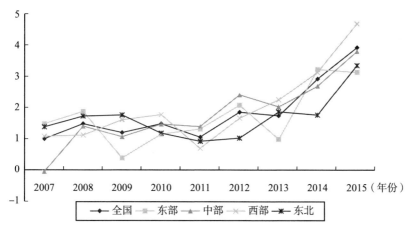

图 2 - 9 2007 ~ 2015 年全国与区域层面碳排放效率幻觉

资料来源：笔者根据公式整理计算。

　　由此可以看出，随着近年来中国经济增速下滑，各地区碳效率幻觉值均有所增加，且大部分地区处于高效率幻觉范围，这表明中国碳减排总成本增速过快，致使减排支出增加过多，这会导致其他投资活动减少而可能损害了经济增长，从而引发减排与经济发展之间的矛盾。虽然碳排放效率值始终增长，但随着经济增速放缓，碳减排成本增速逐渐高于经济增速，导致高效率幻觉现象更为严重。由此可见，仅依赖于碳排放效率指标评判碳减排成果会使得中国忽略减排过程中不断上升的成本问题，这会增加减排压力，导致控排单位在减排层面存在越来越多的支出，进而可能会损害中国经济发展。

（三）实现低效率幻觉的要求

　　当碳排放影子价格与碳生产率满足式（2 - 23）$\frac{SP_t}{SP_{t-1}} < \frac{CP_t}{CP_{t-1}}$ 要求时，各地区能够达到低效率幻觉（CEI < 1）范围。因此本部分进一步探究碳排放影子价格与碳生产率（Carbon Productivity，CP）间的关系，

进而明确中国高碳效率幻觉的原因。一般来说,碳影子价格会随着碳生产率的提升而增加,当碳排放水平较高,而生产率水平较低时,减排相对容易,因此付出的成本较低;随着减排活动的进行,生产率较高,而减排则变得越来越困难,边际减排成本升高。为了明确碳排放影子价格与碳生产率是否存在非线性关系,本书构建回归模型如式(2-24)所示。

$$SP_{it} = \beta_0 + \beta_1 CP_{it} + \beta_2 (CP_{it})^2 + \sum_{j=1}^{n} \beta_j D_{it}^j + \varepsilon_{it} \qquad (2-24)$$

其中,SP 表示 i 地区第 t 年的碳排放影子价格,CP 表示 i 地区第 t 年的碳生产率,D 表示 j 个控制变量,ε 表示误差项。因此,本节选取 2006~2015 年中国除西藏外 30 个地区数据判断其影子价格与碳生产率是否存在非线性关系,模型回归所涉及的变量如表 2-8 所示。

表 2-8   各变量符号与计算方法

符号	变量	计算方法
CP	碳生产率	实际 GDP/二氧化碳排放量
CI	碳强度	二氧化碳排放量/实际 GDP
IS	产业结构	第二产业结构增长量/GDP
URB	城镇化水平	年末城镇人口/总人口
ELE	能源结构	电力消耗量/总消耗量

注:各变量中所有可能受到价格因素影响的变量,均采用 GDP 平减指数剔除价格因素的影响。URB 为城镇化水平(Urbanization Level),ELE 为能源结构(Electric Power Structure)。

因为各地区间存在显著的异质性,所以首先进行异方差与横截面序列相关检验,结果表明模型存在异方差与截面相关性。因此,本书采用可行广义最小二乘法(FGLS)解决这一问题,结果如表 2-9 所示。其中,模型 1 和模型 2 仅对异方差进行调整,模型 3 和模型 4 同时调整了异方差与截面相关。

表 2 - 9　　　　　　　　　　　碳影子价格回归结果

变量	模型 1	模型 2	模型 3	模型 4
Cons	- 0.001 ** (- 1.93)	0.020 *** (6.96)	- 0.002 *** (- 3.20)	0.030 *** (6.68)
CP	0.033 *** (2.60)	0.112 *** (6.88)	0.071 *** (8.21)	0.107 *** (6.50)
(CP)^2	1.114 *** (19.02)	0.940 *** (12.88)	0.949 *** (35.66)	0.970 *** (28.07)
IS		- 0.014 *** (- 3.10)		- 0.027 *** (- 5.28)
URB		- 0.032 *** (- 9.39)		- 0.034 *** (- 4.67)
ELE		- 0.033 ** (- 2.52)		- 0.054 *** (- 2.87)
Wald chi2	5555.50	5108.95	34947.25	26716.54
Prob > chi2	0.000	0.000	0.000	0.000

注：***、** 分别表示在 1%、5% 的水平上显著。

由式（2 - 21）～式（2 - 23）可知，若想维持低碳效率幻觉，即 $CEI < 1$，则要满足 $\frac{SP_t}{SP_{t-1}} < \frac{CI_{t-1}}{CI_t} = \frac{CP_t}{CP_{t-1}}$ 的要求。由于中国碳强度下降为强制性指标，因此 $CI_{t-1} > CI_t$，从而保证 $CP_t > CP_{t-1}$。这表明，低效率幻觉要求需满足碳影子价格的增长程度小于碳生产率的增长程度。

由表 2 - 9 碳影子价格与碳生产率实际的关系来看，碳生产率二次项系数显著为正，表明碳影子价格与碳生产率之间存在显著的 U 型关系。由于碳生产率始终为正，则碳影子价格与碳生产率间的非线性关系体现在 U 型曲线的右侧，即随着碳生产率的增加，碳影子价格增长速度更快。由此可以看出，现有阶段大部分地区无法实现低碳效率幻觉（CEI < 1）主要是由于碳影子价格增速快于碳生产率增速，使得

$\dfrac{SP_t}{SP_{t-1}} - 1 > \dfrac{CP_t}{CP_{t-1}} - 1$，即 $\dfrac{SP_t}{SP_{t-1}} > \dfrac{CP_t}{CP_{t-1}}$，而无法达到 CEI < 1 的要求。可以从边际碳减排成本（碳排放影子价格）与平均碳减排成本（碳生产率）角度考虑，现阶段边际碳减排成本的提升带动了平均碳减排成本的增加，造成碳影子价格增速较碳生产率增速更快。

控制变量方面，产业结构对碳排放影子价格影响为负，第二产业相较第三产业的减排成本低，工业和建筑业所需原材料或机器设备容易寻找替代品，因此第二产业发展能够降低减排成本。城镇化水平与碳影子价格有显著的负相关关系。现阶段的中国正处于工业化、城镇化进程中，这些地区目前主要以粗放式的能源投入来实现城镇化，因此其减排成本也相对较低。能源消费结构对碳影子价格影响显著为负，是由于现阶段中国发电仍以火力发电为主，降低以煤炭为燃料的电力消耗量，经济损失更小，成本更廉价。

由于碳生产率与碳强度互为倒数关系，且巴黎气候大会、"十三五"规划中均提出了碳强度下降指标，因此下面进一步探究碳影子价格与碳强度的非线性关系，构建两者回归模型如式（2-25）所示：

$$SP_{it} = \beta_0 + \beta_1 CI_{it} + \beta_2 (CI_{it})^2 + \varepsilon_{it} \qquad (2-25)$$

其中，SP 表示 i 地区第 t 年的碳排放影子价格，CI 表示 i 地区第 t 年的碳强度，ε 表示误差项。结果如表 2-10 所示。其中，模型 1 仅对异方差进行调整，模型 2 同时调整了异方差与截面相关。碳影子价格与碳强度也呈现显著的 U 型关系，表明随着碳强度减排活动的进行，碳影子价格增速快于碳强度下降速度，由此导致了中国高碳效率幻觉现象。

表 2-10　　　　稳健性检验

变量	模型 1	模型 2
Cons	7.680 *** (37.44)	8.471 *** (46.89)

续表

变量	模型 1	模型 2
CI	-0.709*** (-25.40)	-0.770*** (-37.78)
(CI)^2	0.014*** (16.30)	0.015*** (28.90)
Wald chi2	1009.34	2048.08
Prob > chi2	0.000	0.000

注：*** 表示在 1% 的显著性水平下通过显著性检验。

第四节　减排与碳价互动的均衡

为明确碳市场出清时的配额价格和减排量，假设碳市场仅存在两个控排企业 U1 和 U2，其依据边际碳减排成本进行交易。其中，U1 为高碳边际减排成本企业，U2 为低碳边际减排成本企业，则控排企业 U2 由于减排成本较低，可以在原有减排要求基础上，进行更进一步的减排，从而在碳交易市场中将多余的碳排放余额卖出，从而获取利润；控排企业 U1 则会选择在碳市场购买碳排放量，从而满足控排指标的要求，这是因为通过购买碳配额进行减排的成本低于自身进行减排的成本。当两个控排企业 U1 与 U2 的边际减排成本相等时，交易停止，市场达到均衡水平。

假设两个企业的边际减排成本（Marginal Abatement Cost，MAC）与碳排放减排量线性正相关，即满足 $MAC_i = \beta_i Q_i^r$，其中，$i = 1, 2$ 表示控排企业 U1 与 U2，Q 表示碳排放减排量。假设控排企业 U1 与 U2 两者在没有进行配额交易时的碳排放量分别为 Q_1^a 与 Q_2^a。为达到碳减排指标要求，两者的二氧化碳减排量分别为 Q_1^r 与 Q_2^r，碳排放量约束值分别为 Q_1^c 与 Q_2^c。则控排企业 U1 的碳减排量 $Q_1^r = Q_1^a - Q_1^c$，控排企业 U2 的碳减排量 $Q_2^r = Q_2^a - Q_2^c$。由于 U1 与 U2 边际减排成本的差异，将由低碳成本的控排企业 U2 卖出碳配额给高碳成本的控排企业 U1。两者的交易过程如图 2 – 10 所示。

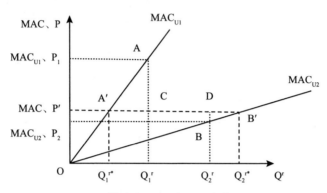

图 2 – 10   控排企业 U1 与 U2 的碳交易过程

当不存在碳交易时，控排企业 U1 的减排量为 Q_1^r，对应的边际减排成本为 MAC_{U1}，控排企业 U2 的减排量为 Q_2^r，对应的边际减排成本为 MAC_{U2}。因此控排企业 U2 为获取利润而减排更多的二氧化碳，控排企业 U1 则通过购买碳权，减少自身的减排压力，最终两者的边际减排成本相等时停止交易，此时 $MAC_{U1} = MAC_{U2} = MAC$。市场均衡时，控排企业 U1 的减排量降低为 Q_1^{r*}，控排企业 U2 的减排量增加为 Q_2^{r*}，且 $Q_1^r - Q_1^{r*} = Q_2^{r*} - Q_2^r$。由于两者的边际减排成本相等，则满足 $MAC = \beta_1 Q_1^{r*} = \beta_2 Q_2^{r*}$，可得 $Q_2^{r*} = \dfrac{\beta_1 Q_1^{r*}}{\beta_2}$，代入 $Q_1^r - Q_1^{r*} = Q_2^{r*} - Q_2^r$，可求得 U1 与 U2 交易后的减排量 $Q_1^{r*} = \dfrac{\beta_2 (Q_1^r + Q_2^r)}{\beta_1 + \beta_2}$ 与 $Q_2^{r*} = \dfrac{\beta_1 (Q_1^r + Q_2^r)}{\beta_1 + \beta_2}$。

当市场达到均衡时，市场的碳交易价格也等于 U1 与 U2 两者的边际减排成本，即 $MAC_{U1} = MAC_{U2} = MAC = P$，因此 $P = \beta_1 Q_1^{r*} = \beta_2 Q_2^{r*} = \dfrac{\beta_1 \beta_2 (Q_1^r + Q_2^r)}{\beta_1 + \beta_2}$。由此可见，一般来说，当控排企业面临的减排压力越大时，碳市场均衡价格越高。因此，各级政府对地区层面或企业层面的减排指标制定也需充分考虑市场环境，避免出现市场失灵的问题。

同时，市场均衡时，其二氧化碳交易量为 $Q = Q_1^r - Q_1^{r*} = Q_2^{r*} - Q_2^r = \dfrac{\beta_1 Q_1^r - \beta_2 Q_2^r}{\beta_1 + \beta_2}$。那么，控排单位 U1 与 U2 的均衡碳排放量分别为 $Q_1^{a*} =$

$Q_1^a - Q_1^{r*} = Q_1^a - (Q_1^r - Q) = Q_1^a - \dfrac{\beta_2(Q_1^r + Q_2^r)}{\beta_1 + \beta_2}$ 与 $Q_2^{a*} = Q_2^a - Q_2^{r*} = Q_2^a -$

$(Q_2^r - Q) = Q_2^a - \dfrac{\beta_1(Q_1^r + Q_2^r)}{\beta_1 + \beta_2}$。

从交易成本来看，在不存在碳交易时，U1 和 U2 的总减排成本为 OAQ_1^r 和 OBQ_2^r，两者在进行碳排放权交易后，总减排成本分别为 $OA'Q_1^{r*} + Q_1^{r*}A'CQ_1^r$ 与 $OBQ_2^r - BB'D$，则相较于没有交易时的减排成本，两者分别得到净福利面积 $AA'C$ 与 $BB'D$。

第五节 本章小结

本章基于碳市场减排理论，论述了碳价作为市场机制的基础如何激励与约束碳减排，以及中国碳市场价格形成的制度安排，并采用倍差法（DiD）与半参数倍差法（SPDiD）探究了碳市场的减排能力。同时，基于全域非径向方向性距离函数（Global NDDF）及其对偶原理测算了中国各地区碳排放影子价格，构建了"碳效率幻觉"指标，说明了碳价与减排的均衡结果。本章的主要结论如下：

第一，根据本章的理论分析，碳市场的减排作用最终在于通过不断减少碳配额总量来激励控排企业进行技术进步和创新，进而减少二氧化碳排放量。通过运用倍差法（DiD）和半参数倍差法（SPDiD）发现，中国碳交易体系对碳排放量没有影响，而是能够降低碳强度，这主要是由于中国碳市场配额总量的确定是基于地区碳强度指标测算所得。

第二，运用全域非径向方向性距离函数（Global NDDF）及其对偶原理，测算了中国碳排放影子价格。结果发现各地区碳影子价格差异较大，且随着减排与经济发展水平的提高，减排成本随之增加。基于 GDP 与 CO_2 分别作为碳排放影子价格的权重，计算得到 2006~2015 年全国碳影子价格均值分别为 316.95 元/吨和 217.46 元/吨，本书选取以 CO_2 为权重的碳影子价格加权平均值更适合作为市场碳价上限的参考。另外，构建了"碳效率幻觉"指标，得出中国各地区高碳效率的原因在于碳影子价格增速快于碳生产率的增速。

第三，基于减排与碳价互动的均衡角度发现，控排企业通过碳权配额交易实现减排指标比依靠自身减排所损失的成本更小，且与没有交易时的减排成本相比，控排企业均可以得到净福利。

第三章

经济结构调整与
碳价的互动机理

　　碳交易体系是推动经济结构调整的路径之一，而经济结构调整的过程也是促使碳市场减排的压力和动力。碳价能够影响控排单位的减排决策，进而影响地区经济结构调整模式，促进经济结构转型，所以经济结构调整与碳价存在显著的相互影响。因此，本章探究了碳交易体系下经济结构的动态演变特征、区域异质特征与空间集群特征，随后明确了经济结构调整与碳价间的互动机理，主要包括基于价格机制的碳交易市场对经济发展水平、碳脱钩与经济结构的影响，以及经济结构调整对碳排放影子价格的冲击。

第一节　碳交易体系下中国经济
结构调整的特征

　　改革开放以来，中国经济增长主要依赖于生产要素投入与外向型经济，这就导致了经济发展与环境保护之间的矛盾。特别是中国处于工业化阶段，仍在环境库兹涅茨曲线的左侧，这表明单纯的以行政手段进行环境保护活动，可能会造成经济的损失。而随着国际与国内经济环境形势的复杂变化，我国现阶段呈现出经济增速下滑的态势，经济发展与节能减排的矛盾也更加凸显。为保证经济发展的可持续性和协调性，多重经济结构失衡以及如何对其进行结构调整已成为我国面临的重要问题，而从碳市场手段出发，便能够从一定程度上解决这一困境。作为经济持续发展的基础，经济结构并非单一的概念，其包括了需求结构、产业结构、区域结构与市场结构等多个方面。对分析碳价推动经济结构调整的机制与效应之前，首先须对中国经济结构基本状态有一个清晰的认识，由于其与碳交易体系的紧密联系主要体现在产业结构与能源结构两个方面，因此在本节经济结构调整特征分析时，根据这两个方面进行主要论述。

一、动态演变特征

现阶段中国产业发展面临的问题可以概括为：经济发展过度依赖第二产业，导致产业结构比重不合理，各产业均存在发展困境，表现为农业基础薄弱、工业素质低下与服务业发展滞后。农业作为基础产业却受到忽视，导致资源短缺、环境恶化；工业方面则依赖要素的大量投入，导致能源消耗过高，且由于技术限制使得产品更新速度慢、自主创新能力弱；服务业方面，中国在 40 年来经济发展过程中存在着重工业与重实体的思想，这导致中国服务业发展滞后，由于该产业资源消耗低、环境污染少，同时具备较强的吸纳就业能力，因此亟待扩大规模。

本部分采用"产业结构层次系数"作为衡量产业升级的指标（潘素昆和袁然，2014）。由图 3 - 1 可知，2001 ～ 2015 年中国产业结构层次系数总体呈上升趋势，由 2011 年的 2.27 增长到 2015 年的 2.41，增长了约 6.17%。其中，中国产业结构层次系数在 2004 年与 2008 年总体有所下降，并在 2009 ～ 2011 年大体呈现不变趋势，2011 ～ 2015 年呈现出明显的上升趋势。

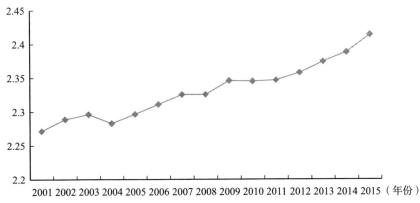

图 3 - 1　2001 ~ 2015 年中国产业结构层次系数

注："产业结构层次系数"测算公式为：$R = 1 \times y_1 + 2 \times y_2 + 3 \times y_3$（$1 \leq R \leq 3$），其中，R 表示产业结构层次系数，$y_i$（$i = 1, 2, 3$）表示第 i 产业的产值占国内生产总值的比，公式中的 1、2 和 3 分别表示对三大产业赋予的不同权重。R 的取值在 1 ~ 3，R 越接近 1，说明产业结构层次越低；越接近 3，说明产业结构层次越高。
资料来源：笔者根据公式整理计算。

　　在各产业具体的结构方面，如表 3 - 1 所示，2000 ~ 2015 年的第一产业比重有所下降，由 2000 年的 15.06% 下降到 8.99%；第二产业呈现先上升后下降的趋势，总体稳定在 40% ~ 45%，第三产业比重则有所上升，由 2000 年的 39.02% 上涨到 2015 年的 50.47%，表明第三产业逐渐成为拉动 GDP 增长的主力。

表 3 - 1　　　　2000 ~ 2015 年中国三大产业增加值占 GDP 的比重　　　　单位：%

年份	第一产业	第二产业	第三产业
2000	15.06	45.92	39.02
2001	14.39	45.15	40.46
2002	13.74	44.79	41.47
2003	12.80	45.97	41.23
2004	13.39	46.23	40.38
2005	12.12	47.37	40.51
2006	11.11	47.95	40.94

续表

年份	第一产业	第二产业	第三产业
2007	10.77	47.34	41.89
2008	10.73	47.45	41.82
2009	10.33	46.24	43.43
2010	10.10	46.67	43.24
2011	10.04	46.59	43.37
2012	10.09	45.32	44.59
2013	10.01	43.89	46.09
2014	9.17	42.64	48.19
2015	8.99	40.53	50.47

资料来源：中国经济与社会发展统计数据库。

　　由此看来，在碳市场发展的同时，中国产业结构在2013年左右开始获得较为良好的转变，产业结构获得一定程度的改善。然而，中国产业升级仍面临着两个问题：一是产能过剩，且产能过剩行业多为高耗能、高污染的行业，由于资金的逐利性，大量信贷资金进入这些行业，导致其产能进一步增加。例如煤化工、钢铁、水泥等产能过剩行业的主要资金来源于银行信贷，从而挤占其他行业所能够获取的银行贷款，引起挤出效应。同时，由于这些行业技术成熟、收益率高，使得这些原本就算优质客户的行业在与银行议价过程中，削弱了银行的议价能力，造成对这些行业资金支持的相对过剩。二是"僵尸企业"杠杆率过高。国有企业由于投资较高，导致其杠杆率较高，其中，"僵尸企业"尤为严重。因此国务院颁布了例如《关于煤炭行业化解过剩产能实现脱困发展的意见》等政策以及相关的配套文件，这些政策导致银行业会对经营困难的企业采取抽贷、断贷等措施。这些行为导致"僵尸企业"杠杆率过高，因而可能形成金融风险问题。

　　人类社会的快速发展是以能源消耗为基础和代价的，由于中国正处于工业化进程中，已成为全球最大的能源消耗国，2016年能源消耗量约占全球能源的 23%①，且能耗的全球占比仍呈上升态势。随着能源技术的创新与进步，中国能源行业取得了有效的进展，但仍面临着各种问题。中国"多煤少油缺气"的资源禀赋使得我国在一次性能源消费中，煤炭消耗占能源总消耗的 70% 以上。煤炭作为碳排放系数最高的能源，其本身产生的二氧化碳就比其他能源高，加之中国对于煤炭的开发和净化还没有达到一定水平，使得这一能源的使用造成烟煤型污染加重。

具体来看，由表 3 - 2 可知，2000～2015 年煤炭消费量占能源消费总量的比重最高，约为 70%；其次为石油消耗量，约占能源消耗总量的 20%，天然气与一次电力及其他能源占比类似，约为 3%～6%。从各能源占比的变动来看，煤炭占比有所下降，由 2000 年占能源总量的 71.50% 下降到 2015 年的 68.10%；石油占比呈现先下降后上升的趋势，由 2000 年的 22.90% 变为 2015 年的 19.60%；天然气消耗量占能源总消耗量的比重呈上升趋势，由 2010 年占比 2.30% 上升到 2015 年的 6.20%；一次电力及其他能源占比也呈现上升趋势，在 2015 年的占比为 6.10%。

表 3 - 2　　　　2000～2015 年中国各类能源消费量占能源
消费总量的比重　　　　　　　　单位：%

年份	煤炭	石油	天然气	一次电力及其他能源
2000	71.50	22.90	2.30	3.30
2001	71.50	22.20	2.50	3.80
2002	71.80	22.00	2.40	3.80
2003	73.20	20.90	2.40	3.50
2004	73.20	20.80	2.40	3.60
2005	75.40	18.60	2.50	3.50

① 资料来源于《BP 世界能源统计年鉴 2016》。

续表

年份	煤炭	石油	天然气	一次电力及其他能源
2006	75.50	18.20	2.80	3.50
2007	75.60	17.60	3.10	3.70
2008	75.00	17.40	3.50	4.10
2009	74.90	17.20	3.70	4.20
2010	72.70	18.30	4.20	4.80
2011	73.40	17.60	4.80	4.20
2012	72.20	17.90	5.10	4.80
2013	71.30	18.00	5.60	5.10
2014	69.80	18.50	6.00	5.70
2015	68.10	19.60	6.20	6.10

资料来源:《中国能源统计年鉴2016》。

为改善中国能源消耗造成的污染问题,中国在"十二五"规划、"十三五"规划以及巴黎气候大会等均提出了能源强度的下降指标。从粗放式经济增长转变的经济结构调整的过程中,能源消耗所面临的问题也会得以管控与调整。改善以煤炭消耗为主的能源结构现状,则需要优化能源结构,开发太阳能、核能与生物质能等新能源;同时,由于中国的资源禀赋并不能在短期内改变,在以煤炭使用为主的能源结构中,中国也需要促进煤炭的清洁利用,提高能源技术开发和创新。

二、区域异质特征

由于我国在改革开放初期鼓励部分有条件的地区先发展起来,从而导致现阶段中国区域经济发展失衡,地区间发展距离不断扩大,使得各地区在经济发展水平、社会福利水平、技术水平与城镇化发展方面均有显著差距,即存在区域结构问题。为解决这一结构难题,近年来,中央政府颁布了"西部大开发"战略、"全面振兴东北老工业基地"战略、

"中部地区崛起"战略等政策，以加快各区域的经济发展。

具体到每个地区时，由于资源禀赋、地理位置的不同，其产业结构现状不同，因此面临的碳金融发展也不尽相同。由图 3 - 2 可知，在2015 年，北京与上海的第三产业比重最高，分别为 79.68% 与 67.75%；而吉林与安徽的第三产业比重最低，分别为 37.42% 与 37.29%；河南、广西与陕西等地第三产业也欠发达。一方面，部分地区的经济发展水平提升仍然依赖于工业的拉动，而在这些以工业为主的地区中，很大程度上存在着技术落后、资源浪费与污染严重的问题，因此通过碳市场加快这些地区的工业结构优化，促进其竞争力的提升是亟待解决的问题；另一方面，中国仍然存在着第三产业发展的空间，特别是资源消耗少、环境污染低的服务业，仍具备着吸纳劳动力的能力，近期内产业结构调整将会是政策聚集的重点。

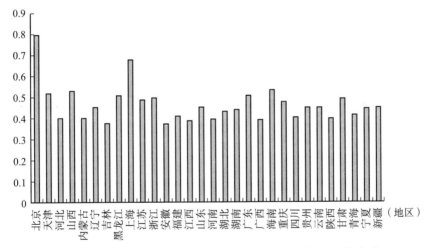

图 3 - 2 2015 年中国 30 个地区第三产业增加值占 GDP 的比重

资料来源：中国经济与社会发展统计数据库。

与其他能源相比，煤炭使用的成本较低，而污染最为严重。由图3 -3 可知，产煤大省山西与内蒙古的煤炭占比最高，随后为宁夏和陕西。根据《中国能源统计年鉴 2016》，2015 年山西与内蒙古煤炭消耗量分别为 37115.10 万吨与 36499.76 万吨，高出北京约 35949.92 万吨与 35333.82 万吨。相较来说，第三产业较为发达的地区，如北京和上海的煤炭占比最低，煤炭消耗量分别为 1165.18 万吨和 4728.13 万吨；同时经济欠发达的青海地区，GDP 仅为 2417.05 亿元，煤炭消耗量为 1508.12 万吨。

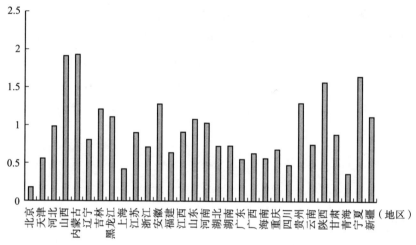

图 3-3　2015 年中国 30 个地区煤炭消耗量占能源消耗量的比重

注：由于煤炭消耗量单位为万吨（10^4 tons），能源消耗量单位为万吨标准煤（10^4 tce），由于未将煤炭消耗量单位转换为标准煤，因此部分地区煤炭占比的值大于 1。

资料来源：《中国能源统计年鉴 2016》。

三、空间集群特征

新古典增长理论预期每个经济的人均收入收敛于自身的稳态水平，且离稳态水平越远增长速度就越快，即经济发展水平存在条件收敛。中国经济增长、产业结构调整与技术进步存在显著的空间溢出效应与收敛性（林光平等，2005；潘文卿，2010；王春宝和陈迅，2017），表 3-3 以中国人均 GDP 为例，说明其空间集群特征。

表3-3　　　2006~2015年中国人均GDP空间相关Moran指数

空间权重矩阵	指标	2006 年	2007 年	2008 年	2009 年	2010 年
0-1	I	0.437 ***	0.431 ***	0.434 ***	0.434 ***	0.437 ***
	Z	(4.16)	(4.09)	(4.06)	(4.03)	(4.03)
地理	I	0.142 ***	0.142 ***	0.150 ***	0.151 ***	0.153 ***
	Z	(5.12)	(5.12)	(5.26)	(5.25)	(5.28)
经济	I	0.094 ***	0.094 ***	0.099 ***	0.100 ***	0.103 ***
	Z	(3.76)	(3.74)	(3.86)	(3.90)	(3.97)
空间权重矩阵	指标	2011 年	2012 年	2013 年	2014 年	2015 年
0-1	I	0.434 ***	0.422 ***	0.415 ***	0.395 ***	0.393 ***
	Z	(3.99)	(3.88)	(3.81)	(3.65)	(3.63)
地理	I	0.153 ***	0.151 ***	0.148 ***	0.138 ***	0.132 ***
	Z	(5.27)	(5.21)	(5.10)	(4.82)	(4.65)
经济	I	0.102 ***	0.100 ***	0.098 ***	0.092 ***	0.089 ***
	Z	(3.95)	(3.89)	(3.81)	(3.64)	(3.55)

注：Moran I 指数法表达式如 $I = \dfrac{\sum\limits_{i=1}^{n}\sum\limits_{j=1}^{n} w_{ij}(x_i - \overline{x})(x_j - \overline{x})}{S^2 \sum\limits_{i=1}^{n}\sum\limits_{j=1}^{n} w_{ij}}$。地理空间权重矩阵中选取

0-1 邻接空间权重矩阵与地理距离空间权重矩阵，其中，邻接空间权重矩阵为二元相关矩阵，即两地相邻则为 1，否则为 0。地理距离空间权重矩阵选取两地间的直线欧式距离的倒数来设定。经济空间权重矩阵以各地区 GDP 占比作为测度地区间"经济距离"的指标，则经济空间矩阵满足 $W_{ij}^e = W_{ij}^d \, diag(\overline{Y}_1/\overline{Y}, \ \overline{Y}_2/\overline{Y}, \ \cdots, \ \overline{Y}_n/\overline{Y})$，其中，$W_{ij}^d$ 为地理空间权重矩阵，$\overline{Y}_i$ 为样本期内第 i 个地区的 GDP 均值，$\overline{Y}$ 为样本期内全部地区的 GDP 均值。 *** 表示在 1% 的显著性水平下通过显著性检验。

　　当这种集聚效应带来规模经济效应和技术成本降低时，便能够带动中国整体效率的提升。因此，当某一产业或某一地区因碳交易体系发展而获得改善时，相邻地区也会因为这一溢出效应而得到产业、经济方面的提升。特别是如北京、上海与深圳等经济较为发达的地区，由于产业结构、技术水平相对较优，通过对这些地区的碳金融发展"辐射"到相邻地区，促使经济欠发达地区的碳金融发展。技术外溢是造成报酬递增而导致经济获得持续增长的根本原因，但经济与技术的外溢也是

一个复杂的过程，不仅体现为技术成果的外溢，也体现为资本和人才的溢出。

第二节　碳价促进经济结构调整的机理

与碳价促进碳减排机理相似，本节首先论述碳交易体系对经济结构调整的作用，如果碳交易体系对其有积极的促进作用，则可以表明碳价对经济结构调整具备一定程度的推动作用。

一、碳价促进经济结构调整的理论分析

（一）促进全要素绿色生产率的机理

在全要素绿色生产率角度，生产率的提升也代表了产业结构与能源结构调整的推进，在一定程度上体现了产业升级等相关经济结构调整的指标。基于王兵和刘光天（2015）构建绿色索洛模型，如式（3-1）所示：

$$Y - T = (A\theta)[(K)^{\alpha}(L)^{\beta}(E)^{\gamma}] \qquad (3-1)$$

其中，Y 和 T 分别代表地区经济发展水平和污染减排总成本，K、L 与 E 分别表示地区资本投入、劳动力投入和能源投入，α、β 与 γ 表示其弹性系数，A 与 θ 表示技术进步与技术效率，且 $0 \leqslant \theta \leqslant 1$。产业部门绿色索洛模型如式（3-2）所示：

$$Y_i - T_i = (A_i\theta_i)[(K_i)^{\alpha_i}(L_i)^{\beta_i}(E_i)^{\gamma_i}] \qquad (3-2)$$

其中，i=1，2，3 分别代表第一产业、第二产业与第三产业，其余变量同上。将式（3-1）与式（3-2）变形可得式（3-3）与式（3-4）：

$$A\theta = (Y - C)/[(K)^{\alpha}(L)^{\beta}(E)^{\gamma}] \qquad (3-3)$$

$$A_i\theta_i = (Y_i - C_i)/[(K_i)^{\alpha_i}(L_i)^{\beta_i}(E_i)^{\gamma_i}] \qquad (3-4)$$

两边分别取对数可得式（3-5）与式（3-6）：

$$\frac{\Delta A}{A} + \frac{\Delta \theta}{\theta} = \frac{\Delta(Y-C)}{Y-C} - \alpha \frac{\Delta K}{K} - \beta \frac{\Delta L}{L} - \gamma \frac{\Delta E}{E} \qquad (3-5)$$

$$\frac{\Delta A_i}{A_i} + \frac{\Delta \theta_i}{\theta_i} = \frac{\Delta(Y_i-C_i)}{Y_i-C_i} - \alpha \frac{\Delta K_i}{K_i} - \beta \frac{\Delta L_i}{L_i} - \gamma \frac{\Delta E_i}{E_i} \qquad (3-6)$$

其中，式（3-5）表示地区层面绿色生产率，式（3-6）表示产业层面绿色生产率。两个式子均表明，绿色生产率的提升依赖于技术进步与技术效率的提升。而碳市场基于碳价机制能够推进绿色减排技术发展，技术效率的提升体现为基于碳金融的资源配置，淘汰落后产能。碳市场能够促使控排单位在资本存量、劳动力与能源消耗等投入方面重新进行资源配置和调整，从而优化投入产出结构，促进经济结构调整，最终促进经济主体由"高能耗、高污染"的粗放式经济增长模式向"低能耗、低污染"的集约型经济增长模型转变。

（二）促进碳脱钩的机理

自格罗斯曼和库雷格（Grossman & Kureger，1991）提出碳排放与人均 GDP 呈倒 U 型关系后，约翰和帕切尼诺（John & Pecchenino，1994）、洛佩斯（Lopez，1994）、麦康奈尔（McConnell，1997）、安德里尼和莱文森（Andreoni & Levinson，2001）、琼斯和马努埃利（Jones & Manuelli，2001）、丁道（Dinda，2005）采用理论与实证结合方式分析了各国 EKC 类型，且普遍认为碳排放与经济发展呈倒 U 型或 N 型关系。中国处于工业化与城镇化的进程中，且"富煤、缺油、少气"，尚未达到碳排放的峰值，仍处于倒 U 型的左侧（王倩和何少琛，2015）。因此，中国的减排政策重点应切断碳排放与经济增长的同步关联，促进二者脱钩；而碳交易体系通过分配和交易碳配额，可发挥惩罚效应、激励效应和创新效应（刘力臻，2014），从而推动经济增长与碳排放量不再同步，避免减排损害经济增长。

基于布雷切特等（Bréchet et al.，2013）模型设定，构建索洛—斯旺单一部门增长模型，可清楚说明碳交易体系在设定减排总量、形成均衡价格过程中，推动了碳脱钩、规避了"碳陷阱"。设定经济体效用最大化方程如式（3-7）所示：

$$\max_{I_K,I_D,C}\int_0^\infty e^{-\rho t}U(C(t),P(t),D(t))dt \qquad (3-7)$$

且满足 $I_K(t)\geq0$，$I_D(t)\geq0$，$C(t)\geq0$。其中，$\rho(\rho>0)$ 表示时间偏好率，t 表示时间，$A(A>0)$ 和 $\alpha(0<\alpha<1)$ 为柯布道格拉斯生产函数参数，I_K 表示实物资本 K 中的投资，I_D 表示环境适应 D 中的投资①，C 表示消费，P 表示碳排放量。各变量满足限制如式（3-8）~式（3-10）所示：

$$Y(t)=AK^\alpha(t)=I_K(t)+I_D(t)+B(t)+C(t) \qquad (3-8)$$

$$K'(t)=I_K(t)-\delta_K K(t),\ K(0)=K_0 \qquad (3-9)$$

$$D'(t)=I_D(t)-\delta_D D(t),\ D(0)=D_0 \qquad (3-10)$$

其中，B 表示污染治理支出，$\delta_K(\delta_K\geq0)$ 表示实物资本折旧率，δ_D（$\delta_D\geq0$）表示适应性资本折旧率。由于中国现阶段仍处于倒 U 型或 N 型曲线的上升期，且预计在 2030 年达到碳排放量峰值，在不考虑政府干预的前提下，假设碳排放 P 与总产出（总收入）Y 呈正相关关系。碳排放量变动设定如式（3-11）所示②：

$$P'(t)=-\delta_P P(t)+\gamma Y(t)/B(t)-\theta P(t),\ P(0)=P_0$$

$$(3-11)$$

其中，δ_P 表示碳排放的自然衰减率，$\gamma(\gamma>0)$ 表示排放系数。当经济水平 Y 增加，碳排放增加，当污染治理支出增加，碳排放降低。θ

---

① 通过投资创新技术、提升能源效率等直接减排手段来改善碳排放情况的投资。

② 与布雷切特等（2013）不同，本书认为 P(t) 表示一定时期内的碳排放量，为流量。碳排放量 P 的降低依赖于污染治理支出 B，随着减排技术的投资增加，碳排放量会随之降低。因此，碳市场降低碳排放量的途径包括：一是在技术水平不变时，碳排放量的降低主要依赖于企业原有技术水平，减排成本低的企业卖出配额给减排成本高的企业，也就是高碳企业把利益让渡给低碳企业，进行行业调整和结构优化；二是碳市场的激励与约束机制促使企业改进技术进一步减排，从而降低总的二氧化碳排放量。本文在这里假设，碳交易市场的减排量仅考虑第一种途径，因此式（3-11）中，θP 的降低与 B 无关。这意味着，本书的这一推导过程仅从配额设定原则来考虑碳市场的减排作用，而没有进一步分析碳市场对减排技术的促进作用。因此，对于中国试点地区来说，θ 不为 0；而对于非试点地区来说，θ 等于 0。

表示碳交易减排率，θP 表示碳交易体系减排的碳总量。

假设效用函数 U 可分离，即 $U(C, P, D) = U_1(C) - U_2(P, D)$，因此为简化效用方程的计算过程，函数满足如式（3-12）所示：

$$U(C, P, D) = U_1(C) - U_2(P, D) = \ln C - \eta(D)\frac{P^{1+\mu}}{1+\mu} \quad (3-12)$$

其中，$\eta(D)$ 表示能够被投资 I_D 所改善的程度，当 I_D 增加时，η 降低，为分析简化，对技术改进与创新不做过多考虑，因此 η 设定为常数；参数 $\mu(\mu>0)$ 表示污染的负增长边际效用。因此，哈密顿函数设定如式（3-13）所示：

$$\begin{aligned}H = &e^{-\rho t}\left(\ln C - \eta\frac{P^{1+\mu}}{1+\mu}\right) + \lambda_1(AK^\alpha - I_K - B - C) \\ &+ \lambda_2(-\delta_P P + \gamma AK^\alpha/B - \theta P) + \lambda_3(I_K - \delta K) \\ &+ \mu_1 I_K + \mu_2 C\end{aligned} \quad (3-13)$$

其中，λ_1、λ_2 和 λ_3 与式（3-8）~式（3-10）相关。求得稳定状态下碳排放如式（3-14）所示：

$$\overline{P} = \frac{\gamma A}{(\delta_P + \theta)[A - \overline{K}^{1-\alpha}(\delta+\rho)/\alpha]} \quad (3-14)$$

则 θ 值如式（3-15）所示：

$$\theta = \frac{\gamma A}{\overline{P}[A - \overline{K}^{1-\alpha}(\delta+\rho)/\alpha]} - \delta_P \quad (3-15)$$

由式（3-15）可知，当市场减排力度 θ 满足上式要求时，碳排放与经济发展（即资本存量 K）脱钩。θ 值表明碳减排量的设定应满足碳排放量与经济发展呈负相关关系，即配额 $Q = f(P, Y)$。中国政府在2011年底提出构建碳排放权交易试点的政策，以市场手段进行碳总量的减排活动，其配额本质上采用的是地区碳强度下降指标计算所得，在为实现国家控排目标的同时，也为将来实施总量控制原则奠定基础。基于碳强度指标计算的减排量满足式（3-15）要求，即符合 θ 值的设定，配额 $Q = f(P, Y)$。以"十二五"规划中各地区碳强度减排指标与试点市场配额制定为例，其计算过程如式（3-16）~式（3-18）所示：

$$P_{index,i} = PI_{index,i} \times Y_{f,i} \qquad (3-16)$$

其中，i 表示"两省五市"，P_{index} 表示各地区碳总量下降指标，PI_{index} 表示"十二五"规划中各地区碳强度下降指标，Y_f 表示对该地区未来经济增长的预测量。

$$q_i = P_{e,i}/P_{w,i} \qquad (3-17)$$

其中，P_e 表示该地区控排企业在基期的二氧化碳排放量，P_w 表示该地区全部的碳排放量，q 表示企业碳排放量占社会全部碳排放量的比值。

$$Q_i = P_{index,i} \times q_i \qquad (3-18)$$

其中，Q 表示试点地区碳市场配额，P_{index} 表示式（3-16）中计算所得各地区碳总量下降指标，q 表示式（3-17）中企业碳排放量占社会全部碳排放量的比值。

由式（3-16）~式（3-18）可知，中国试点碳交易体系中的碳配额分配均满足式（3-15）θ 值设定要求，因此能够实现碳排放与发展的脱钩，避免"碳陷阱"问题。理论推导表明，中国试点碳交易体系通过合理地分配碳配额可以促进碳脱钩、避免碳陷阱。

二、碳价促进经济结构调整的实证研究

（一）研究方法和数据来源

本节研究碳市场对经济结构调整的影响也采用倍差法（DiD）与半参数倍差法（SPDiD），选取样本数据为 2007~2015 年除西藏外[①]中国30 个地区的数据。中国省际二氧化碳排放量主要基于能源消耗量与相应的能源碳排放系数。同时，GDP 均为以 1978 年为基期的实际 GDP[②]。

---

① 因西藏的数据缺失较多，未包括西藏。

② 名义 GDP 由于价格因素的影响而增长率较高，即使没有碳交易体系的影响，也会表现较优。由于中国提出的 GDP 增长率为实际 GDP 增长率，为更清晰地明确碳价对经济的影响，因此选取实际 GDP 作为本节模型分析的因素。另外，采用名义 GDP 分析的最终结果与实际 GDP 结果相似，不再赘述。

本书中涉及的各变量来源与计算方法如表 3 - 4 所示，各数据来源于
《中国能源统计年鉴》、《中国统计年鉴》与各地区统计年鉴。

表 3 - 4　　　　　　　　　　　变量名称与计算方法

符号	名称	计算方法
CDE	二氧化碳排放量	见式（2 - 1）所示
CDEI	碳排放强度	二氧化碳排放量/实际 GDP
GDP	地区生产总值	以 1978 年为基期的实际 GDP
PcGDP	人均地区生产总值	实际 GDP/人口
K	资本存量	以 1978 年为基期的资本存量*
L	劳动力	年末劳动人口数
RD	技术进步	工业企业研发费用
RDr	技术进步 1	工业企业研发费用/GDP
RDn	技术进步 2	工业企业研发项目数
OD	对外开放程度	进出口总额
IM	进口水平	进口总额/GDP**
EX	出口水平	出口总额/GDP
HC	人力资本	受教育程度***
GR	政府规制	政府财政支出
IS	产业结构 1	第三产业增加值/GDP
SIS	产业结构 2	第二产业增加值/GDP
EC	能源消耗	能源消耗总量
ECr	能源变量率	能源消耗量变化率
PEC	人均能源消耗量	能源消耗总量/人口
ECS	能源结构	煤炭消耗量/能源消耗量
ELE	电力结构	电力消耗量/能源消耗量
ELEr	电力变化率	电力消耗量变化率
ECEP	节能环保支出占比 1	节能环保支出/政府财政支出

续表

符号	名称	计算方法
ECEPx	节能环保支出占比 2	节能环保支出/GDP
FAI	固定资产投资	固定资产投资总额/GDP

注：＊表示基于单豪杰（2008）资本存量计算方法，重新计算的以 1978 年为基期的资本存量。＊＊表示按照境内目的地和货源地划分的进口总额，由于该数据按照美元标价，因此按照该年的汇率转换为人民币，求其与 GDP 的比值。后续的出口总额计算方式相同。＊＊＊表示人力资本为受教育程度，具体计算：HC = p1 × 6 + p2 × 9 + p3 × 12 + p4 × 16，其中，p1、p2、p3、p4 分别指各地区受教育程度为小学、初中、高中、大专及以上人口比重，受教育年限为权重。各变量中所有可能受到价格因素影响的变量，均采用 GDP 平减指数剔除价格因素的影响。

（二）对经济发展水平的影响

在分析试点政策对碳排放与经济增长脱钩程度影响之前，首先确定碳排放权交易试点政策对经济发展水平的影响。基于扩展的 C – D 生产函数，控制变量选取资本存量（K）、劳动力（L）、技术进步（RD）、对外开放程度（OD）、人力资本（HC）与政府规制（GR），具体变量计算方法与数据来源如表 3 – 4 所示。同时将扩展的 C – D 生产函数式两边取对数，转化为线性模型，并结合 DiD 模型，则最终的模型如式（3 – 19）所示，估计结果如表 3 – 5 所示：

$$\ln GDP/\ln PcGDP = \beta_0 + \beta_1 Pilot_{it} + \beta_2 Time_{it} + \beta_3 Pilot_{it} \times Time_{it} + \beta_4 \ln K_{it}$$
$$+ \beta_5 \ln L_{it} + \beta_6 \ln RD_{it} + \beta_7 \ln OD_{it} + \beta_8 \ln HC_{it}$$
$$+ \beta_9 \ln GR_{it} + \varepsilon_{it} \tag{3-19}$$

表 3 – 5　　　　碳交易试点政策影响经济增长的 DiD 回归结果

变量	lnGDP		lnPcGDP	
	(1)	(2)	(a)	(b)
Constant	－0. 316 （－0. 23）	－0. 312 （－0. 22）	－0. 618 （－0. 52）	－0. 602 （－0. 50）
Pilot	－0. 061 （－1. 42）	－0. 064 （－1. 52）	－0. 065 （－1. 18）	－0. 078 （－1. 37）

续表

变量	lnGDP		lnPcGDP	
	（1）	（2）	（a）	（b）
Time	-0.033 （-1.17）	-0.031 （-1.20）	0.047 （1.40）	0.042 （1.45）
Pilot × Time	0.001 （0.05）	0.014 （0.58）	-0.019 （-0.80）	0.004 （0.18）
lnK	0.225 *** （3.35）	0.229 *** （3.41）	0.191 *** （2.92）	0.187 *** （2.86）
lnL	0.374 *** （5.42）	0.378 *** （5.66）	-0.531 *** （-8.44）	-0.534 *** （-8.92）
lnRD	0.203 *** （4.07）	0.201 *** （4.07）	0.256 *** （4.74）	0.259 *** （4.85）
lnOD	0.090 ** （2.65）	0.091 ** （2.77）	0.099 ** （2.34）	0.097 ** （2.36）
lnHC	0.953 * （1.73）	0.950 * （1.70）	0.815 * （1.72）	0.814 * （1.72）
lnGR	0.208 *** （2.85）	0.199 *** （2.91）	0.112 （1.49）	0.118 （1.68）
Observations	240	240	240	240
R^2	0.9851	0.9851	0.9512	0.9512
时间固定效应	Y	Y	Y	Y
个体固定效应	Y	Y	Y	Y
控制变量	Y	Y	Y	Y

注：列（1）~列（2）与列（a）~列（b）分别为被解释变量为 GDP 与人均 GDP 对数的模型回归结果，其中，列（1）和列（a）表示以 2012 年为政策临界点，即虚拟变量 time 自 2007 ~ 2011 年取 0，2012 ~ 2015 年取 1；列（2）和列（b）表示以 2013 年为政策临界点，即虚拟变量 time 自 2007 ~ 2012 年取 0，2013 ~ 2015 年取 1。Y 代表 yes，即存在相应的效应与控制变量。*** 表示通过 1% 的置信水平，** 表示通过 5% 的置信水平，* 表示通过 10% 的置信水平。

从表 3 - 5 中可以看出，无论是以 2012 年还是以 2013 年作为碳交

易试点政策的实施临界点，虚拟变量 Pilot 和 Time 交互项的系数 Pilot ×
Time 均不显著。这说明碳交易试点政策实施后，试点地区的 GDP 与人
均 GDP 水平与非试点地区相比无显著变化，即碳交易试点政策不会损
害中国的经济发展。由于中国碳交易体系中配额是根据各地区碳强度指
标而制定的，碳强度与经济发展脱钩（王倩等，2013；范庆泉等，
2015），因此碳市场的减排活动也与经济发展无显著关联。

一方面，中国试点碳交易市场初始配额主要采用免费发放原则[1]，
该分配制度降低了控排企业履约成本，在减排的同时却未降低企业利
润，使得试点碳市场的构建对地区经济发展水平的影响程度较低，从而
避免发展中国家对经济发展与减排的两难选择。

另一方面，在微观层面来看，若不考虑技术研发与创新［式（3-12)
中 η 为常数］，碳控排企业间通过交易碳配额，可降低整体的减排成本
及对经济增长的负面冲击。碳排放效率高的企业，其单位碳排放所形成
的产出会高于低效企业为降低单位碳排放而减少的产出。碳排放效率
高、低企业间的碳排放权交易，有助于实现行业或者区域最优产出，将
减排对产出的影响降至最低。在考虑企业技术研发与创新后，首先，由
于碳配额的制定促使控排企业加大节能减排研发投入，例如部分控排企
业将自身生产经营与投资活动转为绿色清洁技术的研发，或将现有生产
流程进行技术改造，从而有效降低自身碳排放量；其次，通过在碳交易
市场的配额交易，基于绿色技术研发的企业通过卖出碳配额获取收益，
抵消了绿色技术研发所提高的成本；最后，由于节能减排技术在前期投
入较大，而且周期较长，部分控排企业由于资金及边际减排成本的约束
而无法立即进行绿色技术研发，因此这些企业于碳交易市场购买配额以
实现指标要求，从而以最低成本完成减排指标，实现自身的均衡。从微
观层面看是如此，总体来说，部分控排企业获得了盈利，而部分企业略
有亏损，所以控排企业总体的利润率并没有显著影响，因此，从宏观层

---

[1]　各试点均预留小部分（一般在3%以内）配额通过拍卖或固定价格出售等方式有偿发
放，相较于免费发放配额数量极少。

面来看，基于市场机制的碳减排对地区经济发展并没有显著影响。

从控制变量来看，资本存量、技术进步、对外开放程度与人力资本均对 GDP 与人均 GDP 呈现显著正相关；而劳动力对 GDP 影响为正，对人均 GDP 影响为负，主要由于劳动力与人口相似，当劳动力（人口）增加时，人均 GDP 降低；另外，政府规制提升了 GDP，而对人均 GDP 没有显著影响。

为了检验模型结果的稳健性，通过更换控制变量的方式重新估计，估计结果如表 3-6 所示。Pilot×Time 仍不显著，表明碳交易试点政策未显著地影响 GDP 与人均 GDP 的增长率。因此，碳交易试点政策不会损害经济增长的结论是稳健的。

表 3-6　碳交易试点政策影响经济增长的 DiD 稳健性检验结果

变量	lnGDP		lnPcGDP	
	(1)	(2)	(a)	(b)
Constant	-2.576 (-1.50)	-2.572 (-1.48)	-2.949* (-1.73)	-2.930 (-1.72)
Pilot	-0.020 (-0.36)	-0.020 (-0.36)	-0.024 (-0.35)	-0.031 (-0.44)
Time	-0.025 (-0.83)	-0.014 (-0.50)	0.031 (0.84)	0.037 (1.24)
Pilot×Time	0.019 (0.66)	0.034 (1.29)	0.004 (0.14)	0.027 (1.07)
lnK	0.261*** (4.09)	0.264*** (4.03)	0.271*** (3.64)	0.267*** (3.57)
lnL	0.352*** (4.01)	0.359*** (4.26)	-0.471*** (-4.66)	-0.466*** (-4.73)
$lnRD_n$	0.111** (2.43)	0.107** (2.42)	0.158*** (3.05)	0.159*** (3.15)

续表

变量	lnGDP		lnPcGDP	
	（1）	（2）	（a）	（b）
lnOD	0.113 *** (3.11)	0.116 ** (3.40)	0.108 ** (2.33)	0.110 ** (2.46)
lnHC	1.110 (1.47)	1.111 (1.46)	0.942 (1.26)	0.934 (1.25)
lnGR	0.241 *** (3.19)	0.228 *** (3.12)	0.176 ** (2.13)	0.173 ** (2.21)
lnEC	0.146 * (1.95)	0.150 * (1.93)	—	—
lnPEC	—	—	0.094 (0.92)	0.101 (0.97)
Observations	240	240	240	240
R^2	0.9828	0.9828	0.9361	0.9366
时间固定效应	Y	Y	Y	Y
个体固定效应	Y	Y	Y	Y
控制变量	Y	Y	Y	Y

注：将表3-5中原来的控制变量技术进步（RD）替换为技术进步2（RD_n），并加入能源变量作为控制变量。其中，以 GDP 对数为被解释变量的模型中，加入能源消耗量（EC）的对数；以人均 GDP 对数为被解释变量的模型中，加入人均能源消耗量（PEC）的对数。列（1）和列（a）表示以 2012 年为政策临界点，即虚拟变量 time 自 2007~2011 年取 0，2012~2015 年取 1；列（2）和列（b）表示以 2013 年为政策临界点，即虚拟变量 time 自 2007~2012 年取 0，2013~2015 年取 1。Y 代表 yes，即存在相应的效应与控制变量。*** 表示通过 1% 的置信水平，** 表示 5% 的置信水平，* 表示通过 10% 置信水平。

为避免政策的实施可能并非随机指定试点地区而影响估计结果，下面进一步采用半参数倍差法（SPDiD）进行稳健性检验，估计结果如表3-7所示。交互项 Pilot × Time 对 GDP 与人均 GDP 增长率的影响仍不显著，可见计量结果稳健。

表 3 - 7　　碳交易政策影响经济增长的 SPDiD 稳健性检验结果

变量	lnGDP		lnPcGDP	
	（1）	（2）	（a）	（b）
Pilot	0.039 （0.13）	- 0.209 （- 0.36）	0.087 （0.48）	- 0.218 （- 1.27）
Pilot × Time	0.111 （0.33）	0.113 （0.19）	0.322 （1.40）	0.194 （1.01）
时间固定效应	Y	Y	Y	Y
个体固定效应	Y	Y	Y	Y
控制变量	Y	Y	Y	Y

注：将表 3 -7 中控制变量因素全部作为倾向得分进行匹配，以排除更多的混杂因素，从而保证处理组与对照组平衡。其中，列（1）和列（a）以 2012 年为政策临界点，即以 2011 年为基期；列（2）和列（b）以 2013 年为政策临界点，即以 2012 年为基期进行匹配。Y 代表 yes，即存在相应的效应与控制变量。进行 logit 模型估计的结果与上表类似，均得到碳交易试点政策对 GDP 与人均 GDP 影响不显著的结果。另外，列（1）和列（a）以 2012 年为政策临界点时，以 2006 ~ 2011 年为基期；列（2）和列（b）以 2013 年为政策临界点时，以 2006 ~ 2012 年为基期进行匹配；以 2006 ~ 2011 年与 2006 ~ 2012 年为基期时，进行 logit 模型估计的结果与表 3 -6 类似，均得到碳交易试点政策对 GDP 与人均 GDP 影响不显著的结果。

（三）对碳脱钩水平的影响

为分析碳交易试点政策对碳排放与经济增长脱钩的影响，须构建脱钩指标。通常来说，经济增长会导致碳排放量的增加（杨骞和刘华军，2012；宋德勇和徐安，2011），然而采用新的技术或有效的减排政策能够在较低的碳排放水平下获得更高水平的经济增长，这一过程称为脱钩。OECD 将脱钩指数设定为末期的污染排放与 GDP 之比再除以基期的污染排放与 GDP 之比。由此可见，碳脱钩体现的是碳排放与经济增长同步关联性的弱化。基于塔皮奥（Tapio，2005）提出的增长弹性变化的 Tapio 脱钩模型，本书将碳排放量与经济增长下的脱钩程度的设定如式（3 -20）所示：

$$E = \frac{\%\,\Delta C}{\%\,\Delta Y} = \begin{cases} \dfrac{(C_t - C_{t-1})/C_{t-1}}{(Y_t - Y_{t-1})/Y_{t-1}} & (a) \\[4mm] \dfrac{(C_t - C_{t-1})\big/\dfrac{(C_t + C_{t-1})}{2}}{(Y_t - Y_{t-1})\big/\dfrac{(Y_t + Y_{t-1})}{2}} & (b) \end{cases} \qquad (3-20)$$

其中，E 表示碳排放与经济增长的脱钩程度，C 为 CDE，即二氧化碳排放量，Y 为 GDP，即经济发展水平，$\%\,\Delta C$ 表示二氧化碳排放量变化率，$\%\,\Delta Y$ 表示经济发展水平变化率。由于弹性可以分为点弹性和弧弹性，因此本书构建两个碳排放的 GDP 弹性，点弹性 E_p 与弧弹性 E_a 分别如（a）与（b）所示，以验证试点碳市场政策的作用。脱钩程度分为强脱钩、弱脱钩、扩张负脱钩、衰退型脱钩、弱负脱钩和强负脱钩 6 种（彭佳雯等，2011；刘竹等，2011）。由于近年来中国经济增速始终大于 0，即 $(Y_t - Y_{t-1}) > 0$，在此基础上，中国碳排放与经济增长的脱钩可分为扩张性负脱钩（$\Delta C > 0$，$\Delta Y > 0$，$\frac{\%\,\Delta C}{\%\,\Delta Y} \geq 1$），弱脱钩（$\Delta C > 0$，$\Delta Y > 0$，$0 < \frac{\%\,\Delta C}{\%\,\Delta Y} < 1$）与强脱钩（$\Delta C < 0$，$\Delta Y > 0$，$\frac{\%\,\Delta C}{\%\,\Delta Y} \leq 0$），若保证碳排放与经济增长存在弱脱钩和强脱钩，则要求如式（3-21）[①] 所示：

$$\frac{(C_t - C_{t-1})/C_{t-1}}{(Y_t - Y_{t-1})/Y_{t-1}} < 1 \qquad (3-21)$$

即：

$$\frac{C_t - C_{t-1}}{C_{t-1}} \times \frac{Y_{t-1}}{Y_t - Y_{t-1}} < 1 \qquad (3-22)$$

经推导后，结果如式（3-23）~式（3-24）所示：

$$\frac{C_t}{Y_t} < \frac{C_{t-1}}{Y_{t-1}} \qquad (3-23)$$

$$CDEI_t < CDEI_{t-1} \qquad (3-24)$$

由此可见，当保证碳强度有所下降时，便能够实现碳排放与经济发

---

① 以点弹性 Ep 为例。

展的弱脱钩和强脱钩，这与理论分析部分得到的结果相同。碳强度指标的设定是保证碳排放与经济增长脱钩的基础，而碳强度逐年下降则是脱钩的保证。

为确定试点政策对碳排放与经济增长脱钩程度的影响，选取产业结构1（IS）、进口水平（IM）、能源变化率（ECr）[①]、电力变化率（ELEr）、节能环保支出（ECEP）、固定资产投资（FAI）与技术研发支出1（RDr）为控制变量，变量计算方法与数据来源如表3－4所示。为消除异方差的影响，均进行对数化处理。其中，由于节能环保支出与固定资产投资可能会对脱钩存在滞后影响，因此，两个变量选取滞后一期作为控制变量。最终的模型如式（3－25）所示，估计结果如表3－8所示。

$$E_p/E_a = \beta_0 + \beta_1 Pilot_{it} + \beta_2 Time_{it} + \beta_3 Pilot_{it} \times Time_{it} + \beta_4 lnIS_{it}$$
$$+ \beta_5 lnIM_{it} + \beta_6 EC_{r,it} + \beta_7 ELE_{r,it} + \beta_8 l.\, lnECEP_{it}$$
$$+ \beta_9 l.\, lnFAI_{it} + \beta_{10} lnRD_{r,it} + \varepsilon_{it} \qquad (3-25)$$

表3－8　　　　　碳交易试点政策影响碳脱钩的 DiD 回归结果

变量	E_p		E_a	
	（1）	（2）	（a）	（b）
Constant	3. 175 ** (2. 40)	3. 067 ** (2. 23)	3. 077 ** (2. 35)	2. 976 ** (2. 20)
Pilot	− 0. 016 (− 0. 19)	− 0. 068 (− 1. 01)	− 0. 022 (− 0. 27)	− 0. 074 (− 1. 15)
Time	0. 250 ** (2. 23)	0. 375 ** (2. 70)	0. 242 ** (2. 17)	0. 346 ** (2. 53)
Pilot × Time	− 0. 299 * (− 1. 85)	− 0. 268 ** (− 2. 06)	− 0. 306 * (− 1. 88)	− 0. 273 ** (− 2. 14)

----

① 选择能源变化率和电力变化率作为控制变量，而非能源消耗量、能源强度或能源消费结构，这主要是由于脱钩指标中的碳排放量为变化率形式，因此选择变化率能够提升模型的拟合度。

变量	E_p		E_a	
	(1)	(2)	(a)	(b)
lnIS	-1.557*** (-4.08)	-1.707*** (-4.12)	-1.636*** (-4.10)	-1.765*** (-4.09)
lnIM	0.160*** (3.98)	0.157*** (3.62)	0.166*** (3.96)	0.163*** (3.65)
ECr	3.735** (2.55)	4.516*** (2.92)	3.816** (2.57)	4.500*** (2.85)
ELEr	2.966** (2.08)	2.840* (2.03)	2.845** (2.05)	2.731* (2.00)
l. lnECEP	0.270*** (3.45)	0.278*** (3.35)	0.267*** (3.41)	0.273*** (3.33)
l. lnFAI	-0.685*** (-2.83)	-0.818*** (-3.09)	-0.715*** (-2.86)	-0.828*** (-3.09)
lnRDr	0.234** (2.17)	0.241** (2.17)	0.237** (2.21)	0.243** (2.21)
Observations	240	240	240	240
R^2	0.3822	0.3869	0.3875	0.3907
时间固定效应	Y	Y	Y	Y
个体固定效应	Y	Y	Y	Y
控制变量	Y	Y	Y	Y

注：***表示通过1%的置信水平，**表示通过5%的置信水平，*表示通过10%的置信水平。其中，列（1）和列（a）以2012年为政策临界点，其虚拟变量time自2007~2011年取0，2012~2015年取1；列（2）和列（b）以2013年为政策临界点，其虚拟变量time自2007~2012年取0，2013~2015年取1。Y代表yes，即存在相应的效应与控制变量。

从表3-8中可以看出，虚拟变量Pilot与Time的交互项系数Pilot×Time均显著为负，表明无论是以2012年还是以2013年作为碳交易试点政策的实施时点，碳交易试点政策都显著地促进了碳排放与经济增长的脱钩，进而助力中国摆脱"碳陷阱"问题。具体来看，2012～2015年，碳交易试点政策使试点地区的碳脱钩点弹性与非试点地区相比，下降了0.299，而碳脱钩的孤弹性相比下降了0.306；2013～2015年，碳交易试点政策使试点地区的碳脱钩点弹性与非试点地区相比，下降了0.268，而碳脱钩的孤弹性相比下降了0.273；由式（3-24）可知，试点政策促进碳排放与经济增长的脱钩可以转换为促进碳强度的降低①，由于配额根据各地区碳强度指标而制定，可见6个试点碳市场实现了政策实施目的，完成了减排要求。由表3-9试点地区与非试点地区碳强度均值看出，试点地区碳强度整体低于非试点地区，而且2012年后的试点地区碳强度下降程度明显快于非试点地区，可见试点政策的提出与实施能够有效促进碳减排指标的实现。

表3-9　　　　　2007～2015年试点地区与非试点地区
碳强度均值　　　　　　　　单位：吨/万元

变量	2007年	2008年	2009年	2010年	2011年	2012年	2013年	2014年	2015年
碳强度（全国）	12.63	12.20	11.8	11.82	11.82	11.34	11.01	10.31	9.23
碳强度（试点地区）	7.01	6.71	6.23	5.94	5.79	5.26	4.75	4.35	3.75
碳强度（非试点地区）	14.49	13.79	13.19	12.73	12.95	12.21	12.00	11.25	9.90

资料来源：笔者根据公式整理计算。

　　总之，碳交易能够将污染负外部性转换为内部性，从而促使地区进一步优化资源配置，在短期内协助该地区完成碳减排指标；而长期内由于高碳行业购买配额导致利润下降，会使得该行业提升绿色技术研发投入、降低污染排放，同时也使得该行业资金流入其他低碳行业，进而淘汰高污染产能。因此，碳交易体系能够激励各行业进行结构调整，有助

---

① 本书也采用DiD模型做出了试点政策对碳强度下降的影响，因篇幅限制未列出。

于产业结构"由重变轻"、能源结构"由黑变绿",从而促使经济发展与碳排放脱钩。

随着减排压力的加大,中国碳减排模式必然会由强度控制原则逐渐转换为总量控制原则,基于市场手段的总量减排方式与经济发展也并非是不可兼得的矛盾体。以欧盟为例,EU ETS 在第一阶段和第二阶段降低了 12% 的温室气体排放,而经济发展水平提升了约 14%,体现了碳排放总量与经济发展的脱钩;2015 年,中国试点地区二氧化碳排放总量的均值较 2011 年降低 6%,而 5 年来试点地区的 GDP 增长 39%[①]。由此可见,中国试点地区也已呈现出经济增长与碳总量的强脱钩。碳交易试点政策使试点地区碳强度大幅下降,使碳排放总量与经济增长显著脱钩。

从控制变量来看,产业结构促进了碳排放与经济增长的脱钩。一方面,第三产业的发展有利于解决就业问题;另一方面,第三产业包括金融业、餐饮业等低碳行业,与第二产业相比,能够有效降低碳排放。虽然现阶段中国服务业发展水平仍落后于发达国家,但却在 2013 年第三产业总值首次超过第二产业。这表明中国经济开始由工业主导型经济转变为服务型主导经济,从而实现了经济发展与减少碳排放量的双目标。进口抑制了碳排放与经济增长的脱钩,这是因为进口虽然通过减少国内生产降低碳排放,但却因拉低经济增速而降低了碳脱钩指数。能源消耗量变化率与电力消耗量变化率抑制了碳排放与经济增长的脱钩,这源于现阶段中国仍处于粗放型经济增长方式,化石能源的消耗带动工业企业产品生产;同时,现阶段火力发电仍是中国最主要的发电方式,对比水电、核电与风电,其碳污染仍较严重。节能环保支出抑制了碳排放与经济增长的脱钩[②],说明由于使用方式与效率存在问题,节能环保支出未能实现其政策目的。固定资产投资促进了碳排放与经济增长的脱钩程

[①] 资料来源于欧盟统计局和中国国家统计局网站。

[②] 为了确认并非是由于加入虚拟变量而使得节能环保变量系数为负,去掉了 Polit、Time 与其交互项,并重新进行模型回归,得到了相同的结果,即节能环保抑制了脱钩。

度，这是由于大部分地区由投资引致的经济增长比碳排放略快，呈弱脱钩关系（郑蕾等，2015）。技术进步，也就是工业企业研发对脱钩呈抑制作用，主要是由于现阶段工业企业研发并未集中于低碳领域，导致碳排放的增加。

为了检验模型结果的稳健性，本书通过更换控制变量的方式重新估计，结果如表 3 - 10 所示，交互项 Pilot × Time 对被解释变量 E_p 与 E_a 的系数均显著为负，表明碳交易试点政策的提出与实施显著地促进了碳排放与经济发展的脱钩。

表 3 - 10　　碳交易试点政策影响碳脱钩的 DiD 稳健性检验结果

变量	E_p		E_a	
	（1）	（2）	（a）	（b）
Constant	0.506 (0.74)	0.152 (0.22)	0.316 (0.45)	−0.004 (−0.01)
Pilot	0.069 (0.93)	0.015 (0.22)	0.063 (0.88)	0.009 (0.13)
Time	0.105 (0.94)	0.244* (1.78)	0.098 (0.89)	0.219 (1.62)
Pilot × Time	−0.319* (−1.94)	−0.271** (−2.03)	−0.324* (−1.94)	−0.277** (−2.08)
lnIS	−1.570*** (−3.86)	−1.708*** (−3.94)	−1.645*** (−3.94)	−1.765*** (−3.98)
lnIM	0.149* (1.89)	0.153* (1.87)	0.161** (2.08)	0.164** (2.06)
lnEX	0.059 (0.69)	0.039 (0.44)	0.045 (0.54)	0.026 (0.31)
ENE	4.322*** (3.37)	5.096*** (3.51)	4.432*** (3.38)	5.111*** (3.43)

续表

变量	E_p		E_a	
	(1)	(2)	(a)	(b)
ELE	2.500 * (1.97)	2.474 * (1.97)	2.390 * (1.93)	2.375 * (1.93)
l. lnECEPx	0.389 *** (3.69)	0.375 *** (3.22)	0.381 *** (3.57)	0.366 *** (3.15)
l. lnFAI	−0.662 ** (−2.63)	−0.801 *** (−2.92)	−0.695 ** (−2.66)	−0.816 *** (−2.89)
lnRDn	0.029 (1.00)	0.026 (0.86)	0.035 (1.21)	0.032 (1.06)
Observations	240	240	240	240
R^2	0.3684	0.3703	0.3736	0.3745
时间固定效应	Y	Y	Y	Y
个体固定效应	Y	Y	Y	Y
控制变量	Y	Y	Y	Y

注：将原来的控制变量技术进步（RD）替换为技术进步 2（RD_n），将原来节能环保支出 1（ECEP）变为节能环保支出 2（$ECEP_x$），并加入出口水平（EX）的变量。其中，列（1）和列（a）以 2012 年为政策临界点，其虚拟变量 time 自 2007～2011 年取 0，2012～2015 年取 1；列（2）和列（b）以 2013 年为政策临界点，其虚拟变量 time 自 2007～2012 年取 0，2013～2015 年取 1。Y 代表 yes，即存在相应的效应与控制变量。*** 表示通过 1% 的置信水平，** 表示通过 5% 的置信水平，* 表示通过 10% 的置信水平。

为避免政策的实施可能并非随机指定试点地区，而是基于各地区经济发展水平、产业结构与能源结构等因素选取，采用倍差法会影响对政策效果的评估，因此进一步采用半参数倍差法（SPDiD）进行稳健性检验。估计结果如表 3 - 11 所示，交互项 Pilot × Time 的系数均显著，说明试点政策对碳脱钩起到了显著的促进作用。

表 3-11　　碳交易试点政策影响碳脱钩的 SPDiD 稳健性检验结果

变量	E_p		E_a	
	（1）	（2）	（a）	（b）
Pilot	0.437 （0.59）	1.192 （0.99）	0.442 （0.51）	0.986 （0.88）
Pilot × Time	-1.416** （-2.03）	-1.112* （-1.80）	-1.602** （-1.96）	-1.027* （-1.86）
时间固定效应	Y	Y	Y	Y
个体固定效应	Y	Y	Y	Y
控制变量	Y	Y	Y	Y

注：由于在表 3-8 碳交易试点政策影响碳脱钩的 DiD 回归结果与表 3-10 碳交易试点政策影响碳脱钩的 DiD 稳健性检验结果中，E_p 与 E_a 以 2012 年为政策临界点的模型下，Pilot × Time 系数显著性均较低（仅通过 10% 置信水平），而以 2013 年为政策临界点的模型中 β_3 显著性相对较高（通过 5% 置信水平），因此为进一步验证以 2012 年为政策临界点模型下 Pilot × Time 系数 β_3 的显著性，本部分以 2012 年 Time 变量取 1 开始为例进行说明（$Time_1$），即表 3-11 中 SPDiD 稳健性检验结果仅考虑以 2012 年为政策临界点的模型。其中，基于半参数倍差法中协变量匹配方法的不同，本书在列（1）和列（a）中选取表 3-8 中全部控制变量作为倾向得分，由于进口（lnEM）与技术进步 1（lnRDr）未通过协变量的平衡性检验，因此舍去；在列（2）与列（b）中，采用 logit 模型进行协变量的选取，最终确定选择产业结构（lnIS）、能源消耗量变化率（EC）与电力消耗量变化率（ELE）作为倾向得分进行匹配，并把进口（lnIM）、节能环保支出（l. lnECEP）、固定资产投资（l. lnFAI）与技术进步 1（lnRDr）作为匹配后进行 DiD 模型时的控制变量。Y 代表 yes，即存在相应的效应与控制变量。同时，以 2013 年为政策临界点的模型也通过了 SPDiD 稳健性检验，由于篇幅限制未列出。** 表示通过 5% 的置信水平，* 表示通过 10% 的置信水平。

（四）对经济结构的影响

在分析了碳市场对经济发展水平和碳脱钩水平影响的基础上，探究碳市场对经济结构调整的作用，模型如式（3-26）所示，结果如表 3-12 所示，选取变量如表 3-4 所示。

$$lnSIS/lnIS/lnECS/lnEX/lnRDr = \beta_0 + \beta_1 Pilot_{it} + \beta_2 Time_{it} + \beta_3 Pilot_{it} \times Time_{it}$$
$$+ \beta_4 lnEX_{it} + \beta_5 lnRDr_{it} + \beta_6 ELE_{it}$$
$$+ \beta_7 lnSIS_{it} + \varepsilon_{it} \qquad (3-26)$$

表 3 – 12   碳交易试点政策影响经济结构的 DiD 回归结果

变量	lnSIS	lnIS	lnECS	lnEX	lnRDr
	(1)	(2)	(3)	(4)	(5)
Constant	0.121 (0.45)	-0.917*** (-4.31)	0.722* (1.82)	3.040* (2.00)	-3.398*** (-5.99)
Pilot	-0.211* (-1.73)	0.232** (2.24)	-0.282*** (-3.19)	0.476 (1.36)	0.515*** (2.97)
Time	-0.105*** (-3.70)	0.085*** (4.18)	-0.001 (-0.01)	-0.362** (-2.64)	0.338*** (4.98)
Pilot × Time	-0.050* (-1.83)	0.018 (0.89)	-0.151* (-2.01)	-0.134 (-0.71)	0.087 (1.33)
lnEX	-0.055** (-2.05)	0.051* (1.99)	-0.159*** (-2.85)		0.279*** (3.75)
lnRDr	0.218*** (3.76)	-0.060 (-1.64)	0.128 (1.11)	0.859*** (3.48)	
lnELE	-0.066 (-0.61)	0.105 (1.32)		0.874* (1.85)	0.043 (0.17)
lnSIS			0.688*** (2.46)	-1.016* (-1.81)	1.300*** (3.03)
Observations	240	240	240	240	240
R²	0.363	0.446	0.517	0.478	0.575
时间固定效应	Y	Y	Y	Y	Y
个体固定效应	Y	Y	Y	Y	Y
控制变量	Y	Y	Y	Y	Y

注：本部分以 2013 年为政策临界点为例，2012 年为政策临界点可得到相似的回归结果，不再赘述。*** 表示通过 1% 的置信水平，** 表示通过 5% 的置信水平，* 表示通过 10% 的置信水平。

由表 3 – 12 可知，碳市场试点政策对第二产业影响的模型（1）中，虚拟变量 Pilot 与 Time 的交互项系数 Pilot × Time 显著为负，表明碳市场试点政策能够显著降低第二产业占比。具体来看，试点地区 2007～2012 年第二产业增加值占 GDP 的比降低了约 1.01%，2013～2015 年第二产业增加值占 GDP 的比降低了约 9.25%，仅 3 年时间下降程度约等于前 6 年；而非试点地区 2013～2015 年第二产业增加值占 GDP 的比降低了约 8.82%，低于试点地区①。控制变量方面，出口对第二产业增加值占比影响显著为负，表明中国出口第二产业相关产品增长率有所下降；研发对第二产业增加值占比影响显著为正，表明中国大型企业研发关注点仍在工业行业，以提高产量、获取利润，而非农业与服务业；电力占比对第二产业增加值占比影响不显著。

由于产业结构调整为经济结构调整的重点，在考虑碳市场试点政策对第二产业影响的基础上，模型（2）分析碳市场对第三产业增加值占 GDP 的比的影响程度。由虚拟变量 Pilot 与 Time 的交互项系数 Pilot × Time 可知，碳市场对第三产业增加值占比影响不显著。这主要是由于纳入控排要求的单位大部分为工业企业，这些控排企业减排的效果主要体现在模型（1）中。因此，虽然碳市场的运行能够促进绿色技术的发展与创新，但对服务业行业影响较小。控制变量方面，出口对第三产业增加值占比影响显著为正，表明出口促进了第三产业的发展。研发变量对第三产业增加值占比影响不显著，其原因与模型（1）相同，工业企业将研发资金用于工业发展，而非第三产业的发展。电力占比对第三产业增加值占比影响不显著。

碳市场试点政策对能源结构影响的模型（3）中，虚拟变量 Pilot 与 Time 的交互项系数 Pilot × Time 显著为负，表明碳市场试点政策能够显著降低煤炭占能源消耗量的比值。煤炭为碳排放系数最高的化石能源，当控排单位面临减排要求与碳市场试点政策时，将有助于降低煤炭使用，促使控排单位转向其他能源。各地区煤炭占比仍呈增长趋势，但增长率有所下降。出口对煤炭占比影响显著为负，表明出口产品对煤炭消

---

① 资料来源于国家统计局网站。

耗的增长率需求减少。第二产业增加值对煤炭占比影响显著为正是由于工业的发展仍依赖于高碳排放的煤炭，从而导致两者正相关。

在碳市场试点政策对出口影响的模型（4）与模型（5）中，由虚拟变量 Pilot 与 Time 的交互项系数 Pilot × Time 可知，碳市场试点政策对出口与研发影响不显著。出口方面，由于中国出口并非高碳产品，因此碳市场对其影响较小。在研发方面，由于本书选取的研发变量为"分地区规模以上工业企业研究与试验发展（R&D）活动及专利情况"中的 R&D 经费，其 R&D 项目数如表 3 - 13 所示。对比表 3 - 14 中 2008 ~ 2016 年中国"节能环保"专利数得知，中国在 2012 与 2013 年开始，"节能环保"专利数有一个急剧增长，但相较表 3 - 13 中的 R&D 项目数，仅占约 1/20。虽然环保技术有所增长，但由于总量较少，而无法在模型中体现出来，因此模型（5）体现为碳市场对研发没有显著影响。控制变量方面，研发与电力占比与出口呈显著的正相关关系，而第二产业增加值占比出口呈显著的负相关关系。

表 3 - 13 　　　　　　　　2009 ~ 2015 年 R&D 项目数

	2009 年	2010 年	2011 年	2012 年	2013 年	2014 年	2015 年
R&D 项目数	133985	145580	232142	287500	322547	342477	309874

资料来源：中国经济与社会发展数据库。

表 3 - 14 　　　　　　2008 ~ 2016 年中国"节能环保"专利数

年份	发明和实用新型	发明	实用新型	外观	发明授权
2008	1857	688	1169	374	240
2009	2781	1013	1768	11	353
2010	4060	1439	2621	18	463
2011	6051	2170	3881	53	644
2012	8136	3072	5064	50	914
2013	9789	4327	5462	39	1060

续表

年份	发明和实用新型	发明	实用新型	外观	发明授权
2014	10785	5039	5746	46	896
2015	14286	6065	8221	63	201
2016	16081	6292	9789	76	17

资料来源：http://www.soopat.com/。

为检验模型的结果的稳健性，采用半参数倍差法（SPDiD）进行稳健性检验，结果如表3-15所示，交互项 Pilot × Time 对被解释变量的系数与表3-12相同，表明碳交易市场能够促进产业结构与能源结构的转型升级。

表3-15　　碳交易试点政策影响经济结构的 SPDiD 稳健性检验结果

变量	lnSIS	lnIS	lnECS	lnEX	lnRD
	(1)	(2)	(3)	(4)	(5)
Pilot	-0.743*** (-5.62)	0.621*** (6.51)	-0.146 (-0.84)	0.570 (0.84)	0.689** (2.45)
Pilot × Time	-0.116* (-1.71)	0.052 (1.37)	-0.325* (-1.82)	-1.30 (-0.13)	-0.217 (-0.75)
时间固定效应	Y	Y	Y	Y	Y
个体固定效应	Y	Y	Y	Y	Y
控制变量	Y	Y	Y	Y	Y

注：列（1）~列（5）均以2013年为政策临界点，基期选取2007年~2012年进行匹配，其中，列（1）和列（2）的匹配变量为出口水平（EX）、技术进步1（RDr）与电力结构（ELE）；列（3）的匹配变量为出口水平（EX）、技术进步1（RDr）与产业结构2（SIS）；列（4）的匹配变量为技术进步1（RDr）、电力结构（ELE）与产业结构2（SIS）；列（5）的匹配变量为出口水平（EX）、电力结构（ELE）与产业结构2（SIS）。以2012年为政策临界点，基期选取2007年~2011年进行匹配的结果与表3-15结果相似。*** 表示通过1%的置信水平，** 表示通过5%的置信水平，* 表示通过10%的置信水平。

第三节　经济结构调整对碳价的影响

一、经济结构调整对碳价冲击的理论分析

经济结构调整下的产业结构、能源结构变动会使得各地区碳排放量减少，从而在投入与期望产出不变的基础上引致碳影子价格的上升。为降低环境污染并承担国际减排责任，中国政府在国家五年规划、巴黎气候峰会中均提出了相应的减排指标。碳价机制能够将污染外部性内部化，以最低成本实现减排目标，降低各企业的经营压力与地区产业优化升级压力，从而使得各地区减排力度加强。随着时间的推移，各地区所面临的降低碳排放量的潜力逐渐减少，影子价格从而升高。具体来说，经济结构调整促使碳排放影子价格升高可分为反馈效应和协同效应。

（一）反馈效应

一方面，经济结构调整能够直接约束企业的环境行为，鼓励社会采用绿色清洁生产技术，间接将资金引入环境友好型产业和资源节约领域，防范市场失灵并解决外部经济性所带来的问题，从而引导社会形成可持续发展的理念；另一方面，也能够促使金融业注重长期投资利益，避免出现短期过度投机行为，最终将零散的市场行为、行政力量和金融机构进行整合，带动社会制度与经济环境的变革，通过促进节能减排和绿色产业发展而实现绿色经济和可持续发展，完善中国社会经济运行制度。在这种模式下，经济结构调整与碳减排会产生反馈效应。这种反馈效应指经济结构调整与减排之间实现了相互带动、相互提升的结果，这不仅体现在同一个地区的相互提升，而且体现在不同地区、不同阶段之间的相互带动与提升。而减排则会带来碳排放影子价格的增加，进而导致经济结构调整促使碳影子价格升高，反过来，碳影子价格增加也会促

进经济结构调整过程。

从全国层面来看，经济结构调整促进了绿色技术进步以及碳减排活动，提升了碳排放影子价格，反过来，节能减排技术的进步与经济结构调整之后，也能够进一步促进经济结构转型的发展；从地区层面来看，北京的经济结构调整能够促使自身产业的升级、减排活动的进行，以及影子价格的提升，也由于空间溢出效应从而推动其他地区的结构优化升级和碳减排，而其他地区反过来也对北京的减排活动和经济转型有一定程度的推进；从产业层面来看，第一、第二产业的绿色发展能够提高原材料的使用效率、改善能源结构，进而推动第三产业绿色发展，反过来第三产业的清洁能源技术、相关人才也能够促进第一、第二产业的绿色发展，进而保证减排指标的完成，从而随着减排的进行，各产业面临的影子价格逐渐上升。

因此，虽然发展碳金融初期需要政府的配套政策和激励措施，将先进节能环保技术视为国家核心竞争力之一加以积极培育，通过财政支出的补贴和扶持促进碳金融的兴盛，但反过来，碳金融的有效发展也能够给予国家更多的回馈。

（二）协同效应

经济结构调整对碳影子价格的冲击作用还存在协同效应。协同效应指各单位以各自的目标为基础，通过调整自身和外部资源，使得总功效超过单一个体活动的效果。其协同效应可以分为微观主体与地区层面自身之间的横向协同效应和两者之间的纵向协同效应。

1. 横向协同效应

经济结构调整最基本的单位是企业，因此从企业层面，也就是微观主体角度来看，由于产业优化升级、改善能源结构等需要技术与资金的支持，而大部分企业因受到研发资金的限制，而较难进行技术的开发和创新。因此，协同效应表现在：（1）规模经济效应。多个企业合作下的多主体专利合作模式能够弥补这一缺陷。企业之间的互助为其自身提供了丰富的外部资源，降低了其运行成本和不确定性；同时，部门合作实现了资源的优化和"1+1>2"的产出效应。（2）溢出效应。研发合作加强了企业之间的知识溢出过程，促使企业将外部资源内部化，从而实现合作企业之间资源的共享和互惠。企业之间的要素流动也能够产生协同效应，提升企业绿色发展的效率，例如资本或劳动力等投入要素，在不同企业之间的流动能够改善绿色技术发展较差企业的资源和知识，从而实现企业间的协调效应。（3）纵向一体化效应。该效应指母公司与子公司之间的协同效应，该效应也可以解释为企业自身的纵向效应。在地区角度，各地区经济发展水平、产业结构、能源结构与进出口结构的差异造成了资源的异质性，从而能够产生协同效应。各地区所需的要素资源和技术水平不同，不同地区间能够进行互助交易和合作，形成资源互补机制，达到优化资源配置，其包括显性的能源、劳动力等要素，也包括隐性的技术、知识等要素。

2. 纵向协同效应

在微观主体与地区层面自身之间的横向协同效应外，也存在两者间的纵向协同效应。经济结构调整过程离不开每个经济主体的参与，而企业作为最基本的经济个体，与政府间的合作会促使这一效应更快地实现。例如地区政策支持与企业技术改进相结合会更快地促进经济结构调整，有效改善产业结构、能源结构存在的问题，进而使得碳影子价格增速更快。

二、经济结构调整对碳价冲击的实证分析

与前述碳市场促进经济结构调整部分相似，本书选取产业结构、能源结构、固定资产投资、出口、技术进步（研发）与环境污染治理投资作为碳影子价格影响因素，分析中国经济结构调整对各地区碳影子价格影响①。数据选择2007~2015年中国除西藏外的30个地区，其中具

---

① 第二章对碳排放效率幻觉部分进行了简单的影子价格影响因素分析，由于解释变量中的碳生产率和碳强度并不是改变碳影子价格最初的变量，因此在本节去除碳生产率和碳强度变量，而考虑经济结构调整变量对碳影子价格的影响。

体各数据计算方法如表 3 - 16 所示，数据来源于《中国统计年鉴》、《中国能源统计年鉴》与各地区统计年鉴。

表 3 -16   数据计算方法

符号	变量	计算方法
SP	影子价格	见式（2 - 17）
IS	产业结构	第三产业增加值/GDP
ECS	能源结构	煤炭消耗量/能源消耗量
FAI	固定资产投资	固定资产投资/GDP
EX	出口	出口总额*/GDP
RDr	技术进步	研发经费**/GDP
EPI	环境保护治理投资	环境保护治理投资/GDP

注：＊表示出口总额为按照境内目的地和货源地划分的出口总额，由于数据单位为美元，因此基于当年的汇率值，将其转换为元，并计算与 GDP 的比值。＊＊表示研发经费为分地区规模以上工业企业研究与试验发展（R&D）活动经费。

为避免出现"伪回归"现象，在进行面板数据回归前，先对解释变量与被解释变量进行 Levin - Lin - Chu 与 Fisher-type 单位根检验。同时，为消除异方差的影响，各变量均对数化处理。单位根检验如表 3 -17 所示，各变量均通过单位根检验，数据平稳，可用于模型估计。

表 3 -17   单位根检验

变量	Levin - Lin - Chu test		Fisher-type tests	
	t 值	p 值	chi2 值	p 值
lnSP	- 12. 380	0. 000	3. 125	0. 000
lnIS	- 7. 936	0. 000	3. 534	0. 000
lnECS	- 44. 299	0. 000	3. 091	0. 000
lnFAI	- 32. 926	0. 000	2. 525	0. 000
lnEX	- 20. 055	0. 000	7. 220	0. 000

续表

变量	Levin – Lin – Chu test		Fisher-type tests	
	t 值	p 值	chi2 值	p 值
lnRDr	– 25. 207	0. 000	12. 024	0. 000
lnEPI	– 1. 694	0. 045	9. 509	0. 000

在模型回归过程中，结合 hausman 检验结果，本书选取固定效应模型进行估计，相较随机效应模型，固定效应模型允许误差项与解释变量相关。结果如表 3 – 18 所示。

表 3 – 18　　　　　　经济结构对碳影子价格面板数据回归结果

变量	模型 1	模型 2	模型 3	模型 4	模型 5	模型 6
Cons	7. 280 *** (24. 47)	6. 689 *** (23. 57)	6. 060 *** (21. 34)	5. 898 *** (19. 78)	7. 599 *** (14. 04)	7. 666 *** (13. 92)
lnIS	2. 547 *** (7. 73)	2. 091 *** (6. 81)	1. 062 *** (3. 19)	0. 979 *** (2. 92)	1. 089 *** (3. 13)	1. 061 *** (3. 03)
lnECS	—	– 1. 533 *** (– 7. 05)	– 1. 630 *** (– 8. 02)	– 1. 619 *** (– 8. 00)	– 1. 695 *** (– 8. 01)	– 1. 673 *** (– 7. 80)
lnFAI	—	—	0. 744 *** (6. 08)	0. 739 *** (6. 06)	0. 432 *** (2. 67)	0. 410 ** (2. 49)
lnEX	—	—	—	– 0. 037 * (– 1. 72)	– 0. 032 (– 1. 51)	– 0. 029 (– 1. 31)
lnRDr	—	—	—	—	0. 349 *** (3. 44)	0. 369 *** (3. 50)
lnEPI	—	—	—	—	—	0. 033 (0. 68)
R^2	0. 200	0. 338	0. 428	0. 435	0. 489	0. 490
F 值	59. 77	60. 85	59. 05	45. 39	39. 18	32. 64
Prob > F	0. 000	0. 000	0. 000	0. 000	0. 000	0. 000

注：*** 表示通过1%的置信水平，** 表示通过5%的置信水平，* 表示通过10%的置信水平。

由表 3 – 18 可知，产业结构对碳排放影子价格有显著的正相关关系。相较第二产业，第三产业减排成本相对较高，例如服务业、金融业等降低碳排放的途径较少，无法像工业或建筑业寻求替代品，因此第三产业发达地区的边际减排成本较高，即碳排放影子价格较高。由此也能够看出，东部地区由于经济较发达，2015 年北京与上海第三产业增加值占 GDP 比约为 79.68% 与 67.75%，使得碳影子价格较高[①]。能源消费结构对碳排放影子价格有显著的负相关关系。由于本书能源消费结构采用的是煤炭占比，作为碳排放系数最高的能源，煤炭的替代品选取较为容易，油、气以及清洁能源的使用可以有效降低碳排放，因此在降低以煤炭为燃料的碳排放中，经济损失更小，成本更廉价。固定资产投资与碳排放影子价格有显著的正相关关系。由于固定资产投资中包含的基本建设投资、更新改造投资等属于必需性支出，降低的成本较为昂贵，因此固定投资支出较高地区的碳减排成本也较高。出口与碳排放影子价格没有显著的相关关系，可能是由于出口虽然可能导致本地碳排放量增加，但相应地获得了地区收入，导致两者的共同增长，从而使得出口对于碳影子价格变动影响不大。技术进步，也就是研发支出与碳排放影子价格有显著的正相关关系。为促进地区与企业的发展，研发经费的支出一般也为必要性的支出，特别是经济发达地区有更多的经费支撑，以促进技术进步和创新，因此导致了高减排成本。

为验证模型结果，将变量更换进行稳健性检验，结果如表 3 – 19 所示。在模型 1 中，由于表 3 – 18 中变量 EX 不显著，因此在该模型中删除此变量，结果与表 3 – 18 相同。在模型 2 中，将煤炭消耗量占比（ECS）替换为天然气占比（NAG），结果表明，天然气占比对碳排放影子价格有显著的正相关关系，这是由于天然气碳排放系数较低，在此基础上进行碳减排较困难，因此减少一吨二氧化碳所造成的经济损失更大。模型 3 中，将第三产业增加值占 GDP 的比（IS）替换为第二产业增加值占 GDP 的比（SIS），结果显示第二产业占比对碳排放影子价格

---

① 资料来源于国家统计局网站。

有显著的负相关关系，这是由于该产业工业本身的碳排放量较大，容易寻找替代品，因此减排成本较低。模型4中，加入对外直接投资变量（FDI），该变量与碳影子价格没有显著关联，可能是由于研究周期内外商直接投资很大一部分是高碳行业，在促使经济发展的同时而增加了污染，但对技术的提升程度较小。

表 3 – 19　　　　　　经济结构对碳影子价格影响的稳健性检验

变量	模型 1	模型 2	模型 3	模型 4
Cons	7.889 *** (15.03)	9.524 *** (19.53)	7.379 *** (10.82)	7.499 *** (12.08)
lnIS	1.105 *** (3.16)	1.656 *** (4.58)	—	1.049 *** (2.98)
lnSIS	—	—	-1.089 *** (-2.85)	—
lnECS	-1.654 *** (-7.72)	—	—	-1.665 *** (-7.74)
lnNAG	—	0.224 *** (3.17)	0.230 *** (3.15)	—
lnFAI	0.387 ** (2.36)	—	0.287 (1.56)	0.394 ** (2.36)
lnEX	—	-0.016 (-0.67)	-0.020 (-0.79)	-0.028 (-1.30)
lnRDr	0.395 *** (3.80)	0.359 *** (3.25)	0.363 *** (2.91)	0.368 *** (3.48)
lnEPI	0.047 (1.00)	0.109 ** (2.08)	0.114 ** (2.09)	0.036 (0.74)
lnFDI	—	—	—	-0.036 (-0.59)
R^2	0.486	0.363	0.340	0.491

变量	模型1	模型2	模型3	模型4
F 值	38.69	23.33	17.47	27.94
Prob > F	0.000	0.000	0.000	0.000

注：表3-19中新加入的变量分别为：SIS代表第二产业增加值/GDP，NAG代表天然气消耗量/能源消耗量，FDI代表对外直接投资/GDP。各变量来源于相关年份《中国统计年鉴》与《中国能源统计年鉴》。*** 表示通过1%的置信水平，** 表示通过5%的置信水平。

由此可见，对中国经济进行结构调整会对边际减排成本造成冲击。例如提升第三产业的比重、降低煤炭消耗、开发和利用新能源、增加研发经费等措施，都会导致碳排放影子价格的增加。经济较为发达的地区，由于第三产业更优发达、能源利用效率较高、城镇化水平较高等特点，其碳排放影子价格也较高；相应地，欠发达地区碳排放影子价格较低，而经济结构调整中产业结构、能源结构与技术创新等的改善则主要作用于欠发达地区，由此保证了碳排放影子价格较低地区进行经济结构调整的较低成本。依据各地区碳减排潜力可知（王倩和高翠云，2015），经济欠发达地区的碳减排潜力较发达地区更高，也能够承受减排压力，进而保证了减排与结构调整同时进行的可能性。

第四节　经济结构调整和碳价的互动均衡

首先，基于碳交易体系的发展有助于引导资金进入低碳与环保产业（例如清洁能源技术产业等），促进第三产业的发展，促使产业结构合理化；其次，有助于提高绿色技术创新能力，从而保证在各产业的内部，特别是在工业行业，企业的绿色技术发展能够促使能源结构优化，解决煤炭占能源消耗量比例高的问题；最后，有助于促进能源利用效率提升，进而改善中国面临的"多煤、少油、缺气"的能源格局问题。

市场中的碳价格区间与波动是市场运行优劣的表现。如果市场运行过程中出现问题，会因价格区间不合理、供求关系不具备可预测性而导致市场失灵。因此，市场中的碳价是保证碳市场完成促进经济结构调整要求的必要条件。若碳市场价格波动，控排单位为在碳市场获取利润或减少损失会进行技术改造，通过绿色技术的创新与进步进行减排活动，进而促进了绿色产业的发展。当企业不满足控排目的时，会引入绿色技术与绿色产品，为绿色产业的发展提供了机会。同时，绿色产业的发展又能够促使能源结构优化、能源利用效率提升，进而改善了中国面临的能源结构问题。在碳价激励控排单位减排的同时，高碳排放、落后的技术因无法满足控排要求而被企业淘汰，企业则会转向其他技术寻求控排手段。在这一过程中，高污染的落后企业可能由于资金约束而逃离该市场，该部分企业会选择进入无污染的金融行业，或被迫关停不再进行生产，这既关停了"僵尸企业"，又可能为其他行业的发展做出了贡献。技术领先与超前的控排单位，会进一步带动新材料、新能源与环保技术等高新技术产业的发展，而高新技术科技产业的发展则是经济发展的"推动器"。

利用规模报酬不变的 C-D 生产函数，基于碳市场激励控排企业技术创新与改进的条件下，下面探究政府对企业的绿色技术支出是否能够促进产业优化升级和经济发展。假设各地区满足的 C-D 生产函数如式（3-27）所示：

$$Y - C = AK^{\alpha}L^{\beta}GF^{\gamma}, \quad \alpha + \beta + \gamma = 1 \qquad (3-27)$$

其中，Y、C、A、K、L 与 GF 分别表示各地区经济生产总值、碳排放量、综合技术水平、资本投入、劳动力投入与政府面向企业的技术支出，α、β 与 γ 分别表示资本投入、劳动力投入与技术支出的产出弹性。

产业升级主要表现为由低级形态向高级形态转变，其转变的内部动力在于技术进步。因此将产业分为第一、第二与第三产业，各产业的 C-D 生产函数如式（3-28）所示：

$$Y_i - C_i = A_i K_i^{\alpha}L_i^{\beta}GF_i^{\gamma}, \quad \alpha_i + \beta_i + \gamma_i = 1 \qquad (3-28)$$

其中，i＝1，2，3分别代表第一、第二与第三产业，Y_i、C_i、A_i、K_i、L_i与GF_i分别表示各产业下的经济生产总值、碳排放量、综合技术水平、资本投入、劳动力投入与技术支出，α_i、β_i与γ_i分别表示各产业的资本投入、劳动力投入与技术支出的产出弹性。基于式（3－27）与式（3－28），各地区与各产业的人均模式下的C－D生产函数如式（3－29）和式（3－30）所示：

$$\frac{Y-C}{L} = A\left(\frac{K}{L}\right)^{\alpha}\left(\frac{GF}{L}\right)^{\gamma} \qquad (3-29)$$

$$\frac{Y_i-C_i}{L_i} = A_i\left(\frac{K_i}{L_i}\right)^{\alpha_i}\left(\frac{GF_i}{L_i}\right)^{\gamma_i} \qquad (3-30)$$

基于胡小梅（2016）构建技术使用系数，以反映产业升级与经济增长过程中的技术使用程度，该系数如式（3－31）所示：

$$TAC_i = \frac{K_i/L_i}{K/L} = \left(\frac{Y_i-C_i}{L_i}\right)^{1/\alpha_i}\left(\frac{Y-C}{L}\right)^{-1/\alpha}\frac{A^{1/\alpha}}{A_i^{1/\alpha_i}}\left(\frac{GF}{L}\right)^{\gamma/\alpha}\left(\frac{GF_i}{L_i}\right)^{-\gamma_i/\alpha_i}$$

$$(3-31)$$

将式（3－31）代入式（3－30）可得式（3－32）与式（3－33）：

$$\frac{Y_i-C_i}{L_i} = (TAC_i)^{\alpha_i}\left(\frac{Y-C}{L}\right)^{\alpha_i/\alpha}\frac{A_i}{A^{\alpha_i/\alpha}}\left(\frac{GF_i}{L_i}\right)^{\gamma_i}\left(\frac{GF}{L}\right)^{-\gamma\alpha_i/\alpha} \qquad (3-32)$$

$$\overline{Y_i}-\overline{C_i} = (TAC_i)^{\alpha_i}(\overline{Y}-\overline{C})^{\alpha_i/\alpha}\frac{A_i}{A^{\alpha_i/\alpha}}(\overline{GF_i})^{\gamma_i}(\overline{GF})^{-\gamma\alpha_i/\alpha} \qquad (3-33)$$

其中，$\overline{Y_i}$、$\overline{P}$、$\overline{C_i}$、$\overline{C}$、$\overline{GF_i}$与$\overline{GF}$分别表示各产业的人均生产总值、地区生产总值、各产业的人均碳排放量、地区碳排放量、各产业的人均技术支出和地区技术支出，当资本投入量和技术支出的产出弹性为正时，该产业的人均技术支出对其人均生产总值具有正向的促进作用。由此可见，提高各产业的绿色支出，有助于促进该产业的产出率，从而促进该产业升级，进而促进整体经济发展水平。

碳价推动经济结构调整，反过来经济结构调整过程必然导致经济增长与碳排放量降低，从而增加了碳的稀缺性，导致碳价的增加。在减排与经济发展达到预期目标后，两者实现均衡。

第五节　本章小结

首先，本章从中国经济结构调整的特征入手，探讨了碳交易体系下中国经济发展的动态演变特征、区域异质特征与空间集群特征，在此基础之上，采用数理模型对碳市场提升全要素绿色效率与促进碳脱钩水平进行推导，并基于倍差法（DiD）与半参数倍差法（SPDiD）进行验证；其次，从理论与实证角度分析了经济结构调整对碳影子价格的影响，基于面板模型探究产业结构、能源结构、固定资产投资、出口与技术进步等因素对碳影子价格的影响；最后，分析了经济结构调整与碳价的互动均衡机制。

第一，本书探究了中国经济结构调整的特征，在动态演变特征中，第三产业逐渐成为拉动 GDP 增长的主力，但中国产业升级仍面临着产能过剩和"僵尸企业"杠杆率过高两个问题；同时，虽然中国能源结构在不断优化，但煤炭消耗仍占能源消耗量的主导地位。区域异质特征中，各地区在经济发展水平、社会福利水平、技术水平与城镇化发展方面均有显著差距，由于资源禀赋、地理位置的不同，其产业结构现状不同，因此面临的碳金融发展也不尽相同，因此须制定不同的政策与规定。空间集群特征中，这一集聚效应可以带来规模经济效应和技术成本降低，因此其能够带动中国整体效率的提升。

第二，本书采用数理模型分析了碳交易体系促进全要素绿色生产率与碳脱钩水平的机理，并采用倍差法（DiD）和半参数倍差法（SPDiD）分析了碳市场基于价格机制对经济发展水平、碳脱钩水平和经济结构的影响。研究发现，碳市场对经济增长没有显著的抑制作用，能够促进碳排放与经济增长的脱钩，同时促使产业结构和能源结构优化升级。

第三，本书分析了经济结构调整对碳影子价格的冲击。经济结构调整提升碳排放影子价格的机制可分为反馈效应和协同效应，其中，反馈效应指经济结构调整促进了绿色技术进步以及碳减排活动，提升了碳排放影子价格，反过来节能减排技术的进步与经济结构调整，也能够进一步促进经济结构转型的发展；协同效应指地区内部、企业内部以及地区与企业之间的相互促进关系。同时，基于面板数据模型得出，第三产业结构对碳排放影子价格有显著的促进作用，而煤炭消耗量则对碳影子价格有显著的抑制作用。随后，本书在此基础之上，分析了当经济增长需要与减排需要达成时，两者达到均衡。

第四章

减排与经济结构调整
条件下的碳定价

本书在第二章和第三章分析了减排与经济结构调整和碳价的互动机理，这部分内容说明碳价与减排要求和经济发展水平密切相关，有效碳价能够促使中国低碳经济的发展。因此，本章根据传统价格理论与现代金融学资产定价理论明确碳定价的基础，从数理角度探究碳价的形成，并基于经济与减排两个角度分析碳价的影响因素。在第二章和第三章中，碳价对减排和经济结构调整影响的部分，采用的是碳市场对两者的影响，而碳市场代表的是实际碳价；而反过来，减排与经济结构调整对碳价影响的部分，采用的是碳排放影子价格。因此，本章将进一步分析市场碳价与碳影子价格的差异，明确碳价区间。基于经济发展与减排的需要，设定不同的假设情形，测算"十三五"规划期间各地区碳排放影子价格，提出全国碳市场运行过程中的碳价上限。

第一节　市场价格形成机制

价格理论是揭示商品价格形成与变动规律的理论。根据分析角度的不同，各学派对于价格理论的认知也存在差异。基于研究视角的差异，可以将经济学史上的价格理论分为劳动价值论学派、边际效用价值论学派与供求均衡学派等。同时，随着金融产品的出现和发展，投资组合理论、均值方差理论、资本资产定价模型与套利定价理论等金融学理论的出现拉开了现代金融学的帷幕。因此，本书从传统价格理论和金融资产定价理论两个角度来探究价格形成机制。

一、传统价格理论

（一）劳动价值论

劳动价值论认为价值是凝结在商品中的无差别人类劳动。这一理论的基本原理最早由英国经济学家威廉·配第（William Petty）提出，其在劳动价值论的基础上考察了工资、地租、利息等范畴，并区分了自然价格（即价值）和市场价格。亚当·斯密（Adam Smith）与大卫·李嘉图（David Ricardo）也对劳动价值论做出相应贡献，其中，李嘉图建立起了以劳动价值论为基础、以分配论为中心的理论体系，认为决定价值的劳动是社会必要劳动；并阐述了资本家、工人与土地所有者之间的阶级矛盾。卡尔·马克思（Karl Heinrich Marx）在这一基础上提出了马克思主义的劳动价值论，核心思想为商品的二重性，即商品存在价值和使用价值。其中，价值是凝结在商品中的无差别的人类劳动，使用价值是商品的有用性，价值和使用价值分别代表了商品的社会属性和自然属性。马克思的劳动价值论揭示了商品价格形成的基础是价值，价格围绕价值上下波动。因此，从长期来看，商品的价格与价值趋于一致。逄锦聚（2012）认为碳排放额是劳动产品，若将其用于交换则具备了商品的属性。使用价值是用于生产中的减排活动，价值是凝结在碳配额中的人类活动，那么碳排放配额的价格就只能围绕其价格波动。但由于碳市场发育的不完善和各国家经济发展水平的差异，使得完全依赖市场定价无法实现，较为合理的定价机制应是政府作用与市场机制作用的结合。徐瑶（2016）也提出碳权具备"满足需要"和"通过交换"两个条件，表明碳权具有商品的使用价值和价值两个属性，同时具有相应的政治属性。

(二) 边际效用价值论

边际效用价值论指出商品价值是一种主观现象，表示对物品满足人欲望能力的评价。其奠基者为三位独立提出该主观价值论的经济学者，即英国的威廉姆·斯坦利·杰文斯 (William Stanley Jevons)、奥地利的门格尔 (Anton Menger) 与法国的瓦尔拉 (Léon Walras)。依照边际效用递减规律 (The law of Diminishing Marginal Utility)，在其他条件不变的基础上，对某一商品消费数量的增加会伴随着消费者效用增加量的减少。因此，边际效用价值论的价值尺度是指满足人最后的也是最小欲望的那一单位的效用。19 世纪 80～90 年代，边际效用价值论分为心理学派和数理学派，在帕雷托等人用采用无差异曲线分析边际效用之后，该理论又分为基数效用论和序数效用论。由于边际效用价值论无法精确地描述碳配额对于企业的效用，因此现阶段学者们针对碳市场的研究主要是基于边际成本理论角度，控排主体边际减排成本的差异是碳市场运行的基础。

(三) 均衡价格理论

均衡价格理论是由阿尔弗雷德·马歇尔 (Alfred Marshall) 最早提出的，他综合了生产费用论和需求决定论，认为均衡价格由供求决定。需求的增加或减少会引起价格同方向的上升或下降，而供给的增加或减少会导致价格反方向的下降或上升。当商品供给量和需求量相等时，供给价格等于需求价格，即达到市场均衡状态。其中，供给价格是指生产者提供一定量商品时所接受的价格，由边际生产成本 (Marginal Production Cost) 决定；需求价格是指消费者购买一定量商品时所支付的价格，由该商品的边际效用 (Marginal Utility) 决定。同时，马歇尔引入时间因素，将均衡价格分为了瞬时价格、短期价格和长期价格。其中，瞬时价格是指时间较为短暂，供给无法在该时间内改变，价格的决定主要依赖需求情况，即商品的边际效用；短期价格是指生产者虽然没有足够的时间增加设备、改进技术和组织以适应需求的变动，但可以在现有技术设备的基础上伸缩产量，从而使得均衡价格由供给和需求共同决定；长期价格则是指生产者有足够的时间调整相关的技术设备以适应需求变动，虽然价格仍是由供求共同决定，但生产成本起到决定性作用。因此，随着时间的增长，供给所起的作用越来越大。在碳交易市场中，整体市场的配额供给量是确定的，而需求则根据控排企业与投资者的需求而变动。

二、金融资产定价理论

在资产定价理论研究方面，资产定价分为有效市场假说与资产定价模型两个领域，两者相互联系，不可分割。针对市场有效性的检验需要与资产定价模型相结合，因为有效性检验所需的收益率能够反映多大程度的可得信息是基于资产定价模型给予的理论值；同时，资产定价模型的构建满足的市场价格反映所有信息的假设，也是基于市场有效性假说。金融资产运行过程中，投资者较为关心的是资产价格如何运行，是否能够通过现有已知信息进行预测。如果市场中的价格能够充分反映投资者所有可以获得的信息，那么这个市场就是有效的。这便是法玛（Fama）在 1965 年和 1970 年提出的著名的"有效市场假说"。他将有效市场假说分为 3 种形式：弱有效、半强式有效和强式有效。其中，弱有效市场中的市场价格反映了所有过去历史的证券价格信息；半强式有效市场中的市场价格反映了所有已公开的有关公司营运前景的信息；强式有效市场中的市场价格反映了所有关于公司营运的信息，这些信息包括已公开或内部未公开的信息。

（一）资本资产定价模型

资本资产定价模型（Capital Asset Pricing Model，CAPM）是在市场有效前提下，基于马科维茨（Markowitz）提出的投资组合理论，研究风险资本市场中的均衡价格理论。它将市场均衡条件引入投资组合理论中的均值—方差分析框架，得到某一资产或资产组合期望收益率和其风险因素之间的线性关系。其核心思想是收益率取决于其获取的风险溢价补偿。投资组合理论的均值—方差分析框架构建了期望收益率与风险的非线性表达式，明确了单个投资者最优决策时的资金分配方式。CAPM则将单一投资者行为扩大到整个市场，进而探究当市场中所有投资者都依照投资组合理论进行资金分配，那么市场均衡时，某一资产或资产组合的期望收益率和风险是什么样的。

在马科维茨投资组合理论证券选择问题中，求得资产组合中的最小方差边界，具体如式（4 - 1）所示：

$$\min_{P} \sigma_P^2$$

$$E(R_p) = \sum_{i}^{N} w_i E(R_i) = \bar{\mu} = E(R_e) \qquad (4-1)$$

$$\sum_{i}^{N} w_i = 1$$

通过数理推导，该最小化问题可以得到表达式（4 - 2）：

$$E(R_i) = E(R_{0e}) + \beta_{ie}[E(R_e) - E(R_{0e})] \quad i = 1, 2, 3, \cdots, n$$

$$(4-2)$$

其中，$E(R_i)$ 为最小方差组合中某一风险资产 i 的期望收益率，$E(R_e)$ 表示最小方差组合 e 的期望收益率，β_{ie} 表示该风险资产 i 相对于 e 的协方差风险，即 $\beta_{ie} = \dfrac{Cov(R_i, R_e)}{\sigma^2(R_e)}$，$E(R_{0e})$ 表示与最小方差组合 e 收益率不相关的收益率，能够表示为：$E(R_e) - S_e \sigma(R_e) \equiv E(R_{0e})$。其中，$\sigma(R_e)$ 表示最小方差组合 e 收益率 R_e 的标准差，S_e 表示上面求资产组合中的最小方差边界而采用的拉格朗日方程常数。

在微观个体决策行为的基础上，夏普（Sharpe）与林特纳（Lintner）构建出基于市场组合概念的 CAPM，并设定了无税收、同质预期、投资者风险规避等一系列的假设。当投资者持有最优资产组合时，每一种资产的总需求均等于它的总供给，这一假设保证了市场达到出清水平。也就是说，当市场出清时，在唯一切点组合中包含了所有资产，且是所有资产市值加权平均形成的组合，即市场组合 M，因此市场组合 M 是均值—方差有效的，从而满足式（4-3）：

$$E(R_i) = E(R_{0M}) + \beta_{iM}[E(R_M) - E(R_{0M})] \quad i = 1, 2, 3, \cdots, n$$

$$(4-3)$$

其中，R_M 表示市场组合的收益率，R_{0M} 表示与市场组合收益率不相关的资产收益率，β_{iM} 为资产或资产组合 i 相对于市场组合的协方差风险，$\beta_{iM} = \dfrac{Cov(R_i, R_M)}{\sigma^2(R_M)}$。由于夏普与林特纳假设存在无风险资产的借贷机会，即存在无风险资产，其利率确定为 R_F，方差为零，投资者可以通过该利率进行无限制的借贷。因此将 R_F 替换 $E(R_{0M})$ 代入定价公式中，则得到式（4-4）：

$$E(R_i) = R_F + \beta_{iM}[E(R_M) - R_F] \quad i = 1, 2, 3, \cdots, n \quad (4-4)$$

由于投资者并非完全理性，因此 CAPM 并不能充分解释资产收益率，而是存在其他因素对资产收益率造成影响。在此基础上，逐渐出现了一些替代 CAPM 的资产定价理论。如默顿（Merton，1973）将 CAPM 模型扩展到动态环境中，建立了一个连续时间的投资组合与资产定价的理论框架，即跨期 CAPM（Intertemporal CAPM，ICAPM）。布里登（Breeden，1979）于 1979 年提出基于消费的 CAPM（Consumption CAPM，CCAPM），他认为资产收益应随着消费 β 变动，而非随市场 β 变动。

基于资本资产定价模式，碳配额预期收益率应该等于无风险收益率与风险溢价的和。然而由于碳配额对减排政策的显性依赖和风险的异质性（杜莉等，2014），碳资产的风险难以确定。

（二）套利定价模型

CAPM 从投资者有效投资组合开始，研究何种类型的投资组合是有效的。而罗斯（Ross，1976）在 1976 年放宽了 CAPM 的假设，取消了无税收、同质预期等相关的假设，提出了套利定价理论（Arbitrage Pricing Theory，APT）。其假设证券收益率来源于某些因素，但不再指定具体的风险因素。APT 假设证券收益率如式（4-5）所示：

$$R = \alpha + \beta_1 R_{factor1} + \beta_2 R_{factor2} + \beta_3 R_{factor3} + \cdots + \varepsilon \qquad (4-5)$$

其中，影响因素（factor）既可以为宏观经济因素，如能源价格等，也可以是企业规模等特性。具体来看，其可以分为单因素模型、双因素模型和多因素模型，如式（4-6）~式（4-8）所示：

$$E(R_i) = R_F + \beta_i [E(R) - R_F] \qquad (4-6)$$

$$E(R_i) = R_F + \beta_{i1} [E(R_1) - R_F] + \beta_{i2} [E(R_2) - R_F] \qquad (4-7)$$

$$E(R_i) = R_F + \beta_{i1} [E(R_1) - R_F] + \beta_{i2} [E(R_2) - R_F] + \cdots$$
$$+ \beta_{ik} [E(R_k) - R_F] \qquad (4-8)$$

其中，R_i 表示证券 i 的收益率，R_F 表示无风险收益率，β_i 表示证券 i 对该因素的敏感度，$E(R_k)$ 为受到第 k 个因素影响的投资组合预期收益率。

与采用 CAPM 模型定价面临的问题相同，将 APT 模型应用于碳定价较困难。这主要是因为在该模型中，碳配额的预期收益率等于无风险收益率与不同因素的风险溢价的和；而碳价影响因素包括经济基本面、信用风险与操作风险等各类因素，对这些风险因素的敏感度较难测度。

第二节　减排与经济结构调整条件下碳定价的理论分析

边际收益等于边际成本是碳交易体系的内在理论支柱。也就是说，边际减排成本是碳权配额价格的重要标量，当边际减排成本高于或低于碳价时，控排企业会选择购买或卖出配额来降低或提高自身成本，配额价格由此发生相应变动，回到与边际减排成本相一致的均衡价格。

一、碳价形成因素

下面在均衡碳价为边际减排成本的基础上，进一步分析企业碳价的形成因素。基于切斯利和塔基尼（Chesney & Taschini，2012）的研究，以单一企业为例，假设（Ω，F，P）表述一个概率空间，其中，F = (F_0) 表示 F_0 = σ(Q_0) 的测度。同时，假设经济体在 [0，T] 期内的碳排放行为满足布朗运动，则碳排放量满足式（4 - 9）：

$$\frac{dQ_t}{Q_t} = \mu dt + \sigma dW_t，\ 即\ Q_t = Q_0 e^{\left(\mu - \frac{\sigma^2}{2}\right)t + \sigma W_t} \qquad (4-9)$$

其中，Q_t 表示经济体在时间 t 的碳排放量，Q_0 表示经济体的初始碳排放量，μ 和 σ 表示漂移项与扩散项，即排放过程中的趋势与不确定性。$Q_0 \int_0^T e^{\mu t} dt$ 为初期至 T 期的碳排放总量。

在 T 期结束后，经济体须提交相应的碳权以履行排放义务，如果无法完成履约，则要承担价格为单位排放量 P 的罚金。假设经济体在初期至 T 期均采取观望的策略而没有进行减排，则其在 T 期要承担的成本如式（4 - 10）所示：

$$\max\left\{0，\left(\int_0^T Q_s ds - \delta_0\right)\right\} \cdot P \qquad (4-10)$$

其中，$\int_0^T Q_s ds$ 表示经济体最终碳排放量，δ_0 表示经济体拥有的碳权配额，P 表示未实现履约的罚金。若碳排放权在初期的现货价格为 S_0，则经济体收益最大化目标可转换为成本最小化问题，如式（4 - 11）所示：

$$\min_{(x_0)}\left\{S_0 \cdot x_0 + e^{-\eta T} E_P\left[\left(\int_0^T Q_s ds - X - x_0\right)^+ \cdot P \mid g_0\right]\right\} \qquad (4-11)$$

其中，x_0 表示经济体购买（$x_0 > 0$）或卖出（$x_0 < 0$）的碳权配额，X 表示初始分配获得的碳配额，满足 $x_0 = \delta_0 - X$；η 表示贴现率。

基于杰曼和约尔（Geman & Yor，1993）的研究，式（4 - 11）的目标函数如式（4 - 12）所示：

$$H \equiv \left\{S_0 \cdot x_0 + e^{-\eta T} E_P\left[\left(\int_0^T Q_s ds - X - x_0\right)^+ \cdot P\right]\right\} \qquad (4-12)$$

其满足式（4 - 13）~ 式（4 - 17）：

$$\int_0^T Q_s ds = \frac{4}{\sigma^2} \cdot Q_0 \int_0^{\sigma^2 T/4} e^{2(\widetilde{W}_u + zu)} du =: \frac{4}{\sigma^2} \cdot Q_0 \cdot A_{\sigma^2 T/4}^Z \qquad (4-13)$$

$$z: = \frac{2v}{\sigma} \tag{4-14}$$

$$v: = \frac{1}{\sigma} \cdot \left(\mu - \frac{\sigma^2}{2} \right) \tag{4-15}$$

$$\widetilde{W}_u: = \frac{\sigma}{2} W_{4u/\sigma^2} \tag{4-16}$$

$$A_T^v = \int_0^T e^{2(W_s + vs)} ds \tag{4-17}$$

式（4-12）最小化问题的一阶条件为可表示为式（4-18）：

$$S_0 = e^{-\eta T} \cdot P \cdot \int_{\delta_0 \cdot \sigma^2/4Q_0}^{\infty} P(A_{\sigma^2 T/4}^Z \in dx) \tag{4-18}$$

为求得式（4-18）的解析解，假设 T 为无限小量 Δt，可得式（4-19）：

$$S_0 = e^{-\eta T} \left[P \cdot \Phi(d_-) \right] \tag{4-19}$$

其中，$d_- = \dfrac{\ln\left(Q_0 \cdot \dfrac{\Delta t}{\delta_0} \right) + \left(\mu - \dfrac{\sigma^2}{2} \right)\Delta t}{\sigma \sqrt{\Delta t}}$，$\Phi(x) = \dfrac{1}{\sqrt{2\pi}} \int_{-\infty}^x e^{-\frac{u^2}{2}} du$

由此可见，碳权配额价格取决于惩罚力度和碳权短缺的概率预期。但对于中国碳交易体系来说，罚金的设定是基于碳市场配额价格制定的，如北京碳市场规定未按时履约的企业需按市场均价 3~5 倍罚款，但实际上，对于现阶段各碳市场中未按时履约的企业，发改委会责令其在 10 个工作日内完全履约，而不是马上执行罚金的要求，因此罚金对于中国控排企业的约束性较小。另外，碳配额的稀缺程度与减排成本紧密相关，若配额较为稀缺，则企业的边际减排成本较高，反之企业边际减排成本较低，而配额的多少则取决于减排要求与经济增长目标，因此，下面将在此基础上探究碳价的影响因素。

二、碳价影响因素

（一）理论分析

碳金融产品价格的特殊性主要表现在其是以排放权为基础商品的本

质上。由于碳金融是金融学与生态学的混合学科，影响因素较为复杂，且碳交易体系是一个新兴市场体系，因此缺乏充足的历史数据进行实证分析；其与传统金融产品价格影响因素不同，碳权配额的价格是由其配额稀缺性决定的。而碳市场中的配额稀缺程度主要取决于市场参与者供求的相对力量，更进一步来看，供给量是由政府依据该地区的经济发展水平与节能减排相关政策要求确定的，需求量是控排企业根据自身碳排放量水平决定的，因此本书将经济与减排两个要素作为出发点，探究影响碳金融产品价格的因素，如图 4 - 1 所示。

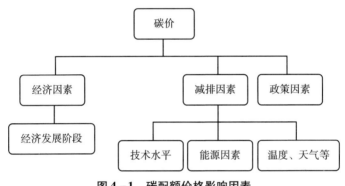

图 4 - 1　碳配额价格影响因素

1. 经济发展阶段

在技术水平不变的假设下，企业产量的增加会导致碳排放量的增长，其满足 $C = f(Q)$，且 $\frac{\partial C}{\partial Q} > 0$。当经济扩张时，产量增加则导致碳排放量上升，从而增加了配额需求量，导致碳价上涨。相反地，当经济衰退时，由于企业收缩生产，减少了对能源的需求，从而导致碳排放量与配额需求量下降，因而碳价降低。例如在 2008 年金融危机中，EU ETS 受到全球经济低迷的影响而需求减少，碳配额作为价值资产而被抛售，使得碳价急剧下降，随着 2009 年后经济逐步复苏，EUA 价格出现触底反弹的现象。由此可见，经济发展水平的变动会影响碳价的波动，反过来碳定价也需要满足经济发展的需要，如果定价过高，会抑制经济发展。

2. 减排因素

绿色减排技术的发展对碳排放量存在显著影响，如图 4 - 2 所示，当减排技术进步和发展时，企业产量和碳排放量间的函数关系改变，由 $C = f(Q)$ 变为 $C_1 = f_1(Q_1)$，同样产量的情况下，由于技术改进升级，产生的碳排放量减少，即碳排放量由 C_1 下降为 C_2，即等产量下该企业的配额需求下降，因此碳价由 P_1 下降为 P_2。随着技术的创新和进步，碳价曲线由 $P = g(Q)$ 变为 $P_1 = g_1(Q_1)$，使得价格进一步降低（赵珊珊，2012）。

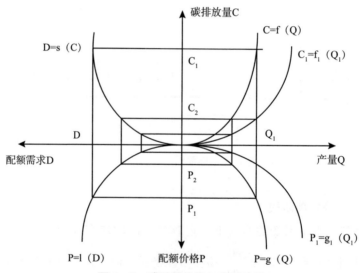

图 4 - 2　碳配额价格与产量关系

能源因素中，则主要体现为能源结构的转变。煤炭作为碳排放系数最高的能源，若煤炭的相对价格增加，企业会选取天然气作为替代能源，从而使得碳排放量降低，因此控排企业的配额需求减少，碳价下降；反过来，若煤炭的相对价格下降，则会导致控排企业较多地选用成本较低的煤炭作为能源，从而导致碳配额需求增加，碳价上升。

　　除此之外，温度、天气与其他突发性因素也会对碳价造成影响。例如，夏天或冬天因温度过高或过低都会对电力产生额外的需求，导致配额价格上涨；类似地，暴雨、暴雪等极端天气也会导致传统能源消耗需求增长，从而导致碳价上升；另外，当清洁能源因核电泄露等原因而减少时，也会拉动传统能源的消耗，如 2011 年 3 月日本福岛因地震而导致的核泄漏就引发了 EUA 碳价的波动。

　　3. 政策因素

　　碳排放作为市场失灵的范畴，决定了碳交易市场很大程度上是由政府建立和运行的，因此在碳定价过程中，政府必然起着举足轻重的作用。在项目市场中，审查制度的松紧程度对项目配额量的多少起决定性作用，审查机制较为宽松，项目配额量就多，碳价降低，反之配额量较少，碳价较高；另外，政府也可以对各行业采取限价政策，如针对收益高、效益好的清洁能源类行业实施较高的最低限价，而对高污染的改进项目则实施较低的最低限价。在配额市场中，一方面，地区政府根据国家与地区层面的宏观经济政策和减排政策规定和该地区的实际发展情况进行配额总量的测算，并将其发放给参与者，配额供给过量会拉低碳价，配额供给过少则会推高碳价。另一方面，市场制度的设计和安排也会对碳价造成较大影响。例如，是否允许跨期借贷存储，采用免费分配原则还是有偿分配原则等。

（二）碳价影响因素的理论模型

　　基于亨特曼（Hintermann）构建的碳价影响因素模型，假设在时间 $t = 1, 2, \cdots, T$ 内，碳市场中经济体的碳排放行为可以设定为式（4 - 20）：

$$C_{it}(\psi_t) = E_{t-1}[C_{it}(\psi_t)] + \beta_i \times [\psi_t - E_{t-1}(\psi_t)] + \varepsilon_{it} \quad (4-20)$$

其满足条件如式（4 - 21）与式（4 - 22）所示：

$$\beta_i = \frac{Cov(C_{it}, \psi_t)}{Var(\psi_t)} \quad (4-21)$$

$$E[\psi_t \varepsilon_{it}] = E[\varepsilon_{it} \varepsilon_{jt}] = 0, \ i \neq j \quad (4-22)$$

其中，C_{it} 表示经济体 i 在时间 t 内未经减排的碳排放量，ψ_t 表示市场中所有经济体面临的呈正态分布的风险因素。则 C_{it} 满足式（4-23）：

$$CA_{it} = C_{it}(\psi_t) - CE_{it} \qquad (4-23)$$

其中，CA_{it} 表示经济体 i 在时间 t 的减排量，CE_{it} 表示经济体 i 在时间 t 的实际碳排放量。基于碳价等于边际减排成本的理论基础，可得式（4-24）、式（4-25）：

$$S_t = MAC_{it}(CA_{it},\ F_t,\ C_{it}(\psi_t)) \qquad (4-24)$$

$$CA_{it}^* = MAC_{it}^{-1}(S_t,\ F_t,\ C_{it}(\psi_t)) \qquad (4-25)$$

其中，F_t 表示影响边际减排成本的因素。

若为了实现某一期的市场均衡，则要满足在第 t 期的减排量（$\sum_{i=1}^{N} CA_{it}^*$）等于未经减排的碳排放量（$\sum_{i=1}^{N} C_{it}$）与该期碳排放量上限（$\sum_{i=1}^{N} EC_{it}$）的差值，如式（4-26）所示：

$$\sum_{i=1}^{N} CA_{it}^* = \sum_{i=1}^{N} C_{it} - \sum_{i=1}^{N} EC_{it} \qquad (4-26)$$

其中，EC_{it} 为在第 t 期要求经济体 i 的最高碳排放量，则 $\sum_{t=1}^{T}\sum_{i=1}^{N} EC_{it}$ 为在期间 T 内所有经济体的碳排放量上限，即 TEC。例如，中国在"十二五""十三五"规划中均制定了相应的碳强度下降指标，基于该控排指标和对未来经济发展的预期，各地区政府测算了五年内该地区的碳排放量上限（TEC），进而将其以逐年分配等模式进行发放；而在 EU ETS 中，设定的是总量减排指标，即制定不同阶段下 T 期内的碳排放量上限（TEC）。综上所述，若该国家或地区不要求达到每一期的市场均衡，而只要达到时期 T 内的市场均衡，那么在时期 T 内，则要满足总减排量（$\sum_{t=1}^{T}\sum_{i=1}^{N} CA_{it}^*$）等于未减排的碳排放量（$\sum_{t=1}^{T}\sum_{i=1}^{N} C_{it}$）与总的碳排放上限（TEC）的差值，如式（4-27）所示：

$$\sum_{t=1}^{T}\sum_{i=1}^{N} CA_{it}^* = \sum_{t=1}^{T}\sum_{i=1}^{N} C_{it} - TEC \qquad (4-27)$$

控排企业能够基于能源结构的改善进行碳减排，根据对碳价影响因素的研究，可以将生产所需的高碳能源转换为低碳能源进行碳减排，如基于"煤改气"进行减排活动。由此可见，经济体的碳排放活动与煤价和气价有关。假设控排企业总减排成本（AC）与减排量（CA）之间呈二次项关系，则其满足式（4-28）~式（4-30）：

$$AC_i(\sum_{i=1}^{N} CA_{it}, GA_t, CO_t) = b_{1t}\sum_{i=1}^{N} CA_{it} + \frac{1}{2}b_2(\sum_{i=1}^{N} CA_{it})^2$$

$$(4-28)$$

$$b_{1t} \equiv \lambda_1 \times GA_t + \lambda_2 \times CO_t \qquad (4-29)$$

$$MAC_t(\sum_{i=1}^{N} CA_{it}, GA_t, CO_t) = b_{1t} + b_2\sum_{i=1}^{N} CA_{it} \qquad (4-30)$$

其中，AC 为总减排成本，MAC 为边际减排成本，其受到气价（GA_t）和煤价（CO_t）的影响。由于初始的边际减排成本为正，则$b_{1t} > 0$，且随着减排的进行，边际减排成本在增加，因此 $b_2 > 0$；同时，"煤-气"的转换使得 $\lambda_1 > 0$，$\lambda_2 < 0$。

基于碳价等于边际减排成本的理论基础，则满足式（4-31）：

$$S_t = MAC_t = b_{1t} + b_2\sum_{i=1}^{N} CA_{it} \qquad (4-31)$$

将式（4-26）与式（4-27）分别代入式（4-31）可得式（4-32）与式（4-33）。其中，若该国家或地区要求在每一年达到市场均衡，则满足式（4-32），若该国家或地区仅要求在时间 T 内实现均衡，则满足式（4-33），且式（4-32）在时期 T 内符合式（4-33）。

$$S_t = b_{1t} + b_2\sum_{i=1}^{N} CA_{it} = b_{1t} + b_2\sum_{i=1}^{N} C_{it} - b_2\sum_{i=1}^{N} EC_{it} \quad (4-32)$$

$$\sum_{t=1}^{T} S_t = \sum_{t=1}^{T} b_{1t} + b_2\sum_{t=1}^{T}\sum_{i=1}^{N} CA_{it} = \sum_{t=1}^{T} b_{1t} + b_2\sum_{t=1}^{T}\sum_{i=1}^{N} C_{it} - b_2 TEC$$

$$(4-33)$$

由此，基于式（4-33）对 t 求期望值，并将其减去其期望值，可得式（4-34）：

$$\sum_{k=t+1}^{T}(S_k - E_t[S_k]) = \sum_{k=t+1}^{T}(b_{1k} - E_t[b_{1k}]) + b_2$$
$$\times \sum_{k=t+1}^{T}\sum_{i=1}^{N}(C_{ik} - E_t[C_{ik}]) \quad (4-34)$$

其中，时间选取为 t+1 期至 T 期，是由于 t 期前各变量的期望值与原值相同。将式（4-20）代入式（4-34），并除以 N 可得式（4-35）：

$$\frac{1}{N}\sum_{k=t+1}^{T}(S_k - E_t[S_k]) = \frac{1}{N}\sum_{k=t+1}^{T}(b_{1k} - E_t[b_{1k}])$$
$$+ \frac{b_2}{N}\sum_{k=t+1}^{T}\sum_{i=1}^{N}\beta_i(\psi_k - E_{t-1}[\psi_k]) + \frac{b_2}{N}\sum_{k=t+1}^{T}\sum_{i=1}^{N}\varepsilon_{ik}$$
$$(4-35)$$

假设误差项为定值，当 N 趋于无穷时，$\frac{b_2}{N}\sum_{k=t+1}^{T}\sum_{i=1}^{N}\varepsilon_{ik}$ 值为 0。同时，由于各控排企业所面临的冲击在一个市场内可以相互抵消，因此仅对整个市场造成影响的因素能够影响总的碳减排量。对于每一期要达到市场均衡来说，还会受到相关政策规定的影响，如设定 T 期内每一期碳排放上限的规定。设 $\bar{\beta} = \frac{1}{N}\sum_{i=1}^{N}\beta_i$ 代入式（4-35）可得式（4-36）：

$$\sum_{k=t+1}^{T}(S_k - E_t[S_k]) = \sum_{k=t+1}^{T}(b_{1k} - E_t[b_{1k}]) + b_2N\bar{\beta}\sum_{k=t+1}^{T}(\psi_k - E_{t-1}[\psi_k])$$
$$(4-36)$$

若市场有效，则碳价受到市场基本面的影响，且具有马尔科夫性，即市场中的价格满足 $E_t[P_{t+1}] = (1+r)P_t$，其中，r 为利率。由于马尔科夫性的假设不适用于固定变量，因此将风险因素 ψ 分为固定风险因素 ψ^s 和变动风险因素 ψ^n。其中，固定风险因素 ψ^s 指温度、天气、相关政策等不满足马尔科夫性假设的因素，变动风险因素 ψ^n 指能源价格等经济基本面因素。若 t≪T，则式（4-36）基于递归方法可得式（4-37）：

$$S_t = (1+r)S_{t-1} + b_{1t} - (1+r)b_1 + b_2N\bar{\beta}^N(\psi_t^N - (1+r)\psi_t^N)$$
$$+ b_2N\bar{\beta}^S\frac{\psi_t^S - E_{t+1}(\psi_t^S)}{\sum_{k=t}^{T}(1+r)^{T-k}} \quad (4-37)$$

由此可见，碳权配额价格 S_t 受到前一期的价格、能源价格的变动影响，以及对 ψ_t 的影响。当 $t \ll T$ 时，模型分母 $\sum\limits_{k=t}^{T} (1+r)^{T-k}$ 求和项较小；随着时间逐渐接近于 T，该数值 $\dfrac{\psi_t^S - E_{t+1}(\psi_t^S)}{\sum\limits_{k=t}^{T} (1+r)^{T-k}}$ 逐渐增加，即对碳权配额价格 S_t 的影响增加。由于利率 r 较小，可以认为接近于 0，因此可将式（4-37）简化为式（4-38）：

$$\Delta S_t = \Delta b_{1t} + b_2 N \overline{\beta}^N \Delta \psi_t^N + b_2 N \overline{\beta}^S \frac{\psi_t^S - E_{t+1}(\psi_t^S)}{\sum\limits_{k=t}^{T} (1+r)^{T-k}} \qquad (4-38)$$

其中，Δ 表示对变量进行一阶差分。则碳价的变动 ΔS_t 受到能源价格等经济基本面与温度、政策等非经济基本面因素的影响。

三、减排和经济结构调整条件下的碳价区间

如前所述，碳价的形成与运行过程中受到经济发展与减排活动的影响；基于此，与现有研究不同，在碳价等于边际减排成本的理论基础上，本书认为边际减排成本实际上可有两层含义，这两层含义则构成了碳价的上、下限，也就是碳价的区间。一是在技术不变或无减排投资约束下，减少一单位非期望产出（CO_2）所付出的期望产出（GDP）的代价，即碳排放影子价格，构成碳价的上限。二是为了减排活动所进行的减排投资或生产活动会增加生产成本，此时，为增加一单位减排所要增加的生产成本也称为边际减排成本，这一边际减排成本构成了碳价的下限。

（一）碳价上限

碳排放影子价格是在保持技术水平、产业结构、技术效率等要素不变的基础上，基于投入产出前沿面测算所得，其根据期望产出 GDP 与非期望产出 CO_2 的水平值不同而变化，当 GDP 值越高而 CO_2 越低时，

碳排放影子价格也就越高。也就是说，碳排放影子价格的测算是在没有进行技术改进或能源替代等方式下进行的，表示在没有新的技术支持下进行强制减排，其可能要损失的经济代价。这表明控排企业在不采取任何减排技术或减排手段时，其面临的碳价为碳排放影子价格，而当控排企业采取洁净煤技术、碳捕获、利用与封存（Carbon Capture，Utilization and Storage，CCUS）技术与开发新能源等手段时，其面临的碳价会低于碳排放影子价格。因此，碳排放影子价格构成了碳价的上限。

（二）碳价下限

在碳减排活动中，虽然碳交易体系使得供求双方在短期内通过配额交易满足自身需求，但碳排放量的真正降低是依靠碳价激励控排双方寻求更优的减排技术、提高能源利用效率、开发新能源等以改善自身经营与减排现状。也就是说，当企业在进行绿色技术改进和创新以降低自身碳排放量时，会增加生产成本，此时，为降低一单位的碳排放量而增加的成本则构成了碳价的下限。简单来说，就是减排技术或投资的边际成本为碳价下限，若碳配额价格低于该边际成本，则企业会选择购买配额，而不选择绿色技术创新和改进来进行减排活动。

造成碳排放量增长的本质原因在于对化石能源的过度依赖，特别是对煤炭、原油等传统能源的依赖。例如，中国由于"多煤少油缺气"的资源条件更决定了中国能源结构以煤炭为主，进而造成中国碳排放量的急剧增加。现阶段的碳减排措施主要分为四类：一是开发新能源，优化能源结构；二是提升植被覆盖面积，保护生态环境；三是采用碳捕获、利用与封存技术，促使碳循环再利用；四是提高能源利用效率，开发清洁燃烧技术和相关设备等。其中，太阳能、地热能、生物质能与核聚变能等新能源的开发并非一蹴而就，其发展远远无法满足经济中高速增长的需要，因此新能源替代传统能源需要一个较长的过程。在传统能源内部，由于我国煤炭消耗占总化石能源消耗的70%[①]，因此将煤炭逐

---

① 资料来源于中国统计局网站。

渐过渡为天然气相对较易，前面仅考虑了能源替代下的技术变动，即式（4-30）中煤改气下 b_{11} 便是仅依赖技术的碳价下限；而 CCUS 技术由于成本偏高，碳捕获封存后利用难，导致该技术在我国仍处于起步阶段。另外，由于我国工业行业能源利用效率低下，基于能源清洁高效利用技术、工业节能技术与清洁冶金技术等技术创新与改进手段较易提高能源利用效率。综上所述，目前中国企业能够采用传统能源内部的结构优化与基于先进技术下提升传统能源利用效率两类手段进行碳减排。因此，控排企业进行减排技术投资的边际成本构成了碳价下限。如果碳价低于该下限，则企业不会进行技术改进与投资，而是购买碳配额以完成减排指标。

综上所述，碳价的上限为碳排放影子价格。本书在第二章中测算了 2006~2015 年中国除西藏外 30 个地区的碳排放影子价格，若各地区均构建碳交易体系，则碳价不高于该影子价格。而碳价下限则基于企业或地区层面的减排技术与投资测算，包括现阶段交易实现的传统能源内部的结构优化与基于先进技术下提升传统能源利用效率两类手段，以及需要长期过程的开发新能源、提升植被覆盖面积与 CCUS 技术等方式下进行减排技术投资的边际成本。由于无法获得该数据，本书仅对碳价下限进行了理论分析。

第三节　减排与经济结构调整条件下的全国碳价上限

一、碳配额总量的设定

碳市场配额交易采取的是总量设定原则，即在起始碳排放量的基础上确定交易体系在未来目标年份的碳排放总量，这是市场碳价形成的基础，总量设定得越紧，配额交易价格就会越高，反之亦然。因此，总量设定要明确不同年份的国家减排指标要求，也要分析未来一个时期内的经济增长率和交易体系的覆盖行业。只有综合考虑这些因素，才能够提出一个减排效果明显、经济上可负担与政治上可接受的总量设定方案。EU ETS 的碳价崩溃主要表现为总量设定过松，这主要是因为对于行业未来的经济增长率预期过高。由于中国政府提出碳强度下降指标，因此，碳总量的约束是基于经济增长情况而制定的。若测算 t 期碳影子价格，则假设 t 期内年均经济增速为 g_0，则第 t 年的 GDP 如式（4-39）所示：

$$GDP_t = GDP_0 \times (1 + g_0)^t \tag{4-39}$$

其中，GDP_0 为当期（第 0 期）的经济发展水平。则当期碳强度如式（4-40）所示，第 t 期碳强度如式（4-41）所示：

$$CDEI_0 = \frac{CDE_0}{GDP_0} \tag{4-40}$$

$$CDEI_t = \frac{CDE_t}{GDP_t} = \frac{CDE_t}{GDP_0 \times (1 + g_0)^t} \tag{4-41}$$

如果由当期（第 0 期）到第 t 期的碳强度下降指标为 g_1，则碳强度满足式（4-42）~式（4-46）：

$$\frac{CDEI_t - CDEI_0}{CDEI_0} = -g_1 \tag{4-42}$$

$$1 - \frac{CDEI_t}{CDEI_0} = g_1 \tag{4-43}$$

$$\frac{CDEI_t}{CDEI_0} = 1 - g_1 \tag{4-44}$$

$$\frac{\dfrac{CDE_t}{GDP_0 \times (1 + g_0)^t}}{\dfrac{CDE_0}{GDP_0}} = 1 - g_1 \tag{4-45}$$

$$CDE_t = CDE_0 (1 - g_1)(1 + g_0)^t \tag{4-46}$$

当 $(1 - g_1)(1 + g_0)^t > 1$ 时，$CDE_t > CDE_0$，碳排放量呈上升趋势；当 $(1 - g_1)(1 + g_0)^t < 1$ 时，$CDE_t < CDE_0$，碳排放量随年份的增加而减少。在 0~t 年内，年均碳排放量 ΔCDE 变动如式（4-47）所示：

$$\Delta CDE = \frac{CDE_t - CDE_0}{t} = \frac{1}{t}\big[CDE_0(1-g_1)(1+g_0)^t - CDE_0 \big]$$

$$= \frac{CDE_0}{t}\big[(1-g_1)(1+g_0)^t - 1 \big] \qquad (4-47)$$

二、全国碳价上限的测算

本部分基于对碳配额总量的设定，采用全域非径向方向性距离函数（Global NDDF）及其对偶原理对"十三五"规划阶段各地区碳排放影子价格进行测算，并采用实际 GDP 占比和 CO_2 占比测算全国碳影子价格的加权平均值。其中，在"十三五"规划中投入产出变量的数值测算中，资本存量与劳动力基于"十二五"规划增速测算，能源消耗量、GDP 与碳排放量则基于 GDP 增速与碳强度下降指标测算。由于各地区设定的 GDP 增速并不一定能够保证实现，因此本书通过假设各地区不同的 GDP 增速情形，以探究各类情形下的碳价上限。

（一）按照"十三五"规划经济增速、能源强度和碳强度要求

在 2020 年国内生产总值和城乡居民人均收入比 2010 年翻一番的目标中，2016～2020 年经济年均增长率的底线为 6.5%，各地区为"适应和引领新常态，经济维持中高速增长"而提出"2016～2020 年 GDP 年均增长率均在 6.5% 以上"。同时，"十三五"规划实施能源消费总量与强度双控制。总量方面，提出在 2020 年将能源消费总量控制在 50 亿吨标准煤内，年均增速约 2.5% 左右；强度方面，中国单位 GDP 能源下降 15% 以上，各地区能源总量与强度控制指标略有差异。碳排放方面，"十三五"规划则仅控制了碳强度下降指标，即到 2020 年单位 GDP 碳排放比 2015 年下降 18%，碳总量得到有效控制。考虑到各地区发展阶段、资源禀赋与生态环保等因素的差异，各地区碳强度控制目标也略有不同。各地区具体的 GDP 增长率、能源强度与能耗增量目标以及碳强

度下降指标如表 4 - 1 所示。基于这一要求测算的碳排放影子价格如表 4 - 2 所示；同时，根据 GDP 占比和 CO_2 占比测算全国碳影子价格的加权平均值，并作图进行对比，结果如图 4 - 3 所示。

表 4 - 1　　　　　　　　　**各地区"十三五"规划指标**

地区	GDP增长率（%）	能源强度（%）	能耗增量（万吨）	碳强度（%）	地区	GDP增长率（%）	能源强度（%）	能耗增量（万吨）	碳强度（%）
北京	6.5	17.0	800.0	20.5	河南	8.0	16.0	3540.0	19.5
天津	8.5	17.0	1040.0	20.5	湖北	9.0	16.0	2500.0	19.5
河北	7.0	17.0	3390.0	20.5	湖南	8.5	16.0	2380.0	18.0
山西	6.0	15.0	3010.0	18.0	广东	7.5	17.0	3650.0	20.5
内蒙古	7.5	14.0	3570.0	17.0	广西	8.0	14.0	1840.0	17.0
辽宁	6.0	15.0	3550.0	18.0	海南	7.5	10.0	660.0	12.0
吉林	7.0	15.0	1360.0	18.0	重庆	10.0	16.0	1660.0	19.5
黑龙江	6.0	15.0	1880.0	17.0	四川	7.0	16.0	3020.0	19.5
上海	6.5	17.0	970.0	20.5	贵州	10.0	14.0	1850.0	18.0
江苏	7.5	17.0	3480.0	20.5	云南	8.5	14.0	1940.0	18.0
浙江	7.0	17.0	2380.0	20.5	陕西	8.0	15.0	2170.0	18.0
安徽	8.5	16.0	1870.0	18.0	甘肃	7.5	14.0	1430.0	17.0
福建	8.5	16.0	2320.0	19.5	青海	7.5	10.0	1120.0	12.0
江西	8.5	16.0	1510.0	19.5	宁夏	7.5	14.0	1500.0	17.0
山东	8.0	17.0	4070.0	20.5	新疆	7.0	10.0	3540.0	12.0

　　注：GDP 为各地区"十三五"规划中实际 GDP 年均增长率目标（%），其中，山东（7.5% ~ 8.0%）、广西（7.5% ~ 8.0%）、广东（7.0% ~ 7.5%）与海南（7.0% ~ 7.5%）等地的经济增长目标为一个变动的区间，本书选取该区间的最高经济增速目标作为测算依据；能源强度指各地区"十三五"规划中 2020 年比 2015 年单位 GDP 能耗的降低指标（%），且本书的能源强度采用的是实际 GDP 下的能源强度数值；能耗总量指各地区"十三五"规划中的能源消耗总量控排目标（万吨标准煤）；碳强度指各地区"十三五"规划中 2020 年比 2015 年单位 GDP 碳排放量的降低指标（%），与能源强度计算相同，碳强度的测算也采用了实际 GDP 下的碳强度数据。

　　资料来源：相关指标基于《中华人民共和国国民经济和社会发展第十三个五年（2016 ~ 2020 年）规划纲要》计算所得。

表 4-2 2016～2020 年中国省际碳排放影子价格（1） 单位：元/吨

地区	2016 年	2017 年	2018 年	2019 年	2020 年
北京	1751.14	1917.16	2098.92	2297.91	2489.52
天津	573.95	625.80	682.33	743.97	811.17
河北	77.12	84.37	92.30	100.97	110.46
山西	37.58	40.63	43.92	47.49	51.34
内蒙古	39.92	42.79	45.87	49.17	52.70
辽宁	165.48	178.90	193.40	209.09	226.04
吉林	205.05	221.27	238.78	257.68	278.07
黑龙江	180.48	194.10	208.74	224.49	241.42
上海	2055.36	2150.59	2250.22	2354.47	2463.56
江苏	622.25	680.10	743.33	812.43	887.96
浙江	606.63	663.65	726.02	794.26	868.91
安徽	391.56	377.96	357.68	329.48	291.90
福建	675.46	610.65	567.83	615.56	667.30
江西	275.19	298.32	323.40	350.58	380.04
山东	270.59	295.41	322.52	352.11	384.41
河南	279.53	303.45	329.42	357.61	388.21
湖北	430.86	466.34	504.73	546.29	591.28
湖南	478.50	446.85	403.75	365.72	393.05
广东	1082.56	1183.20	1293.20	1413.42	1544.82
广西	216.74	231.99	248.31	265.77	284.47
海南	542.36	456.19	475.75	496.15	517.42
重庆	628.45	589.93	558.43	602.18	649.35
四川	1167.65	1171.09	1160.75	1133.41	1085.31
贵州	74.89	80.02	85.51	91.37	97.63
云南	229.13	246.25	264.66	284.43	305.69
陕西	239.36	257.65	277.33	298.52	321.32

续表

地区	2016 年	2017 年	2018 年	2019 年	2020 年
甘肃	167.43	179.47	192.38	206.21	221.04
青海	62.63	65.32	68.12	71.04	74.09
宁夏	8.94	9.58	10.27	11.01	11.80
新疆	16.69	17.43	18.21	19.03	19.88
GDP 占比	596.32	629.22	665.35	708.62	756.05
CO_2 占比	397.11	417.26	439.32	466.27	496.45

注：资本存量与劳动力采用"十二五"规划期间该变量的增长率测算，GDP 采用"十三五"规划中各地区 GDP 增长率测算，能源消耗量与二氧化碳排放量采用"十三五"规划中各地区能源强度和碳强度下降指标测算。由于在"十三五"规划中，能源消耗有总量控制与强度控制两方面约束，因此，本书也按照 GDP 为"十三五"规划中各地区 GDP 增长率，能源消耗量采用总量约束，碳排放量采用强度下降指标测算碳排放影子价格，结果与表 4 - 2 相似，不再过多赘述。

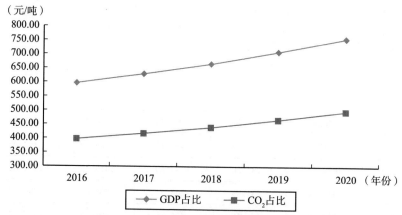

图 4 - 3　2016 ~ 2020 年中国碳影子价格（1）

注：GDP 占比和 CO_2 占比测算全国碳影子价格的加权平均值，计算公式为 $WSP^j = \sum_{i}^{n} w_{it}^j \times sp_{it}$，其中，j 表示分别以 GDP 和 CO_2 为权重，i 表示中国 30 个地区，t 表示 2016 ~ 2020 年，WSP^j 表示以 GDP 和 CO_2 为权重的碳影子价格的加权平均值，w_{it}^1 表示第 i 个地区在第 t 年以实际 GDP 占全国实际 GDP 的比重，w_{it}^2 表示第 i 个地区在第 t 年以 CO_2 占全国 CO_2 的比重，sp_{it} 表示第 i 个地区在第 t 年的碳影子价格。

由图 4 - 3 可知，2016 ~ 2020 年 GDP 占比和 CO_2 占比全国碳影子价格的加权平均值均呈上升趋势，其中，GDP 占比为权重的碳影子价格在5 年间由 596. 32 元/吨上升到 756. 05 元/吨，增长了约26. 79%；CO_2 占比为权重的碳影子价格由 2016 年的 397. 11 元/吨增长到 2020 年 496. 45元/吨，增长了约 25. 02%。两类权重下的碳影子价格相对比，GDP 占比为权重的碳影子价格高于 CO_2 占比为权重的碳影子价格，其差值约为199. 21 ~ 259. 60 元/吨。

（二）经济增速超过或小于预期目标

碳强度指标的考核与相应地区的经济发展状况紧密相关，若当年的经济增速较快，则碳总量约束较为宽松；若当年的经济增速较慢，在同样的碳强度指标要求下，碳总量约束较紧。因此，本部分设定两者假设情形，一为各地区的实际经济增长率达不到预期目标，二为经济增速高于"十三五"规划预期目标。由于除上海碳配额一次发放三年外，其余碳市场均是一年一发，因此更易按照经济增长模式调整配额总量。

1. 实际经济增长率达不到预期目标

假设各地区实际经济增长率达不到"十三五"规划的预期目标，各地区年均经济增长目标降低 5%，同时每个地区都保证完全碳强度下降指标；在此基础上，由于 GDP 增长率低于碳强度下降程度，因此要求部分地区的碳总量呈下降趋势，才能够完成减排目标。

由表 4 - 3 中假设 GDP 增速下降后所得的碳排放影子价格可知，2016 年 ~ 2020 年各地区碳影子价格呈上升趋势，对比按照"十三五"规划中经济增速与碳减排要求所得的数值，其变动幅度相似，测算所得大部分地区的碳影子价格略高于"十三五"规划要求下的各地区碳影子价格。

表 4 - 3　　　　2016 ~ 2020 年中国省际碳排放影子价格（2）　　　单位：元/吨

地区	2016 年	2017 年	2018 年	2019 年	2020 年
北京	1757.82	1919.59	2096.26	2289.19	2473.79
天津	580.35	635.80	696.54	763.08	835.99
河北	92.49	101.11	110.53	120.84	132.10
山西	45.01	48.56	52.39	56.53	60.99
内蒙古	48.13	51.82	55.79	60.07	64.68
辽宁	198.19	213.83	230.70	248.90	268.54
吉林	246.49	255.26	257.48	261.05	282.18
黑龙江	216.36	232.43	249.69	268.23	288.14
上海	2052.76	2145.14	2241.68	2342.57	2447.99
江苏	626.90	685.95	750.55	821.24	898.59
浙江	679.23	695.67	729.08	797.04	871.32
安徽	402.36	363.67	307.75	297.16	303.93
福建	733.24	626.93	624.55	633.86	691.09
江西	304.17	317.35	331.10	361.00	393.60
山东	311.67	326.56	342.18	358.53	392.58
河南	322.28	336.10	350.52	365.55	398.38
湖北	436.89	476.46	519.61	566.67	617.99
湖南	504.56	435.28	396.37	395.85	410.05
广东	1090.65	1193.37	1305.77	1428.75	1563.31
广西	261.76	281.95	303.70	325.03	326.99
海南	606.29	516.58	492.10	517.92	545.09
重庆	697.18	624.01	630.54	637.26	691.21
四川	1167.79	1099.09	990.30	849.51	849.66
贵州	91.02	98.51	106.61	115.38	124.87
云南	276.97	299.82	313.51	311.36	318.91
陕西	288.81	312.54	323.66	335.17	347.09
甘肃	201.84	217.32	233.99	251.94	267.72

续表

地区	2016 年	2017 年	2018 年	2019 年	2020 年
青海	75.86	79.84	84.03	88.44	92.98
宁夏	10.78	11.60	12.49	13.45	14.48
新疆	20.17	21.23	22.34	23.51	24.74
GDP 占比	620.41	643.08	672.71	709.06	760.48
CO_2 占比	421.16	433.58	450.65	473.09	507.22

注：资本存量与劳动力采用"十二五"规划期间该变量的增长率测算，GDP 采用"十三五"规划中各地区 GDP 增长率减去 5% 测算，能源消耗量与二氧化碳排放量基于减少 5% 后的 GDP 增速与"十三五"规划中各地区能源强度和碳强度下降指标测算。

与前面相同，在 GDP 增速减小的假设情形中，2016～2020 年 GDP 占比和 CO_2 占比全国碳影子价格的加权平均值均呈上升趋势（见图 4－4）。其中，GDP 占比为权重的碳影子价格在 5 年间由 620.41 元/吨上升到 760.48 元/吨，增长了约 22.58%；CO_2 占比为权重的碳影子价格由 2016 年的 421.16 元/吨增长到 2020 年 507.22 元/吨，增长了约 20.43%。相比而言，CO_2 占比为权重的碳影子价格低于 GDP 占比为权重的碳影子价格，且碳影子价格增长率也相对较低。同时，两类碳影子价格的加权平均值增速略低于"十三五"规划要求下的碳影子价格增速。

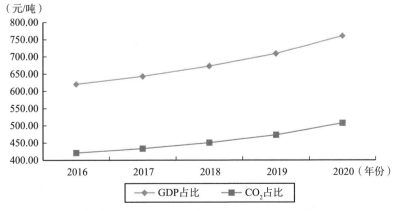

（元/吨）

图 4－4 2016～2020 年中国碳影子价格（2）

2. 实际经济增长率高于预期目标

如果经济增速高于"十三五"规划预期目标，那么从碳强度控制指标来看，由于 GDP 增长而使得各地区的碳减排压力相对降低，因此设定各地区的 GDP 增长率高于"十三五"规划预期目标 5%，同时满足能源强度和碳强度的指标要求，可求得碳影子价格如表 4-4 所示。

表 4-4　　　2016~2020 年中国省际碳排放影子价格（3）　单位：元/吨

地区	2016 年	2017 年	2018 年	2019 年	2020 年
北京	1792.80	1932.24	2082.54	2244.52	2393.87
天津	583.37	621.66	662.47	705.96	752.30
河北	78.81	84.73	91.08	97.92	105.26
山西	38.45	40.89	43.49	46.25	49.18
内蒙古	40.58	42.51	44.53	46.65	48.87
辽宁	169.29	180.04	191.47	203.63	216.56
吉林	209.00	221.06	233.82	247.31	261.57
黑龙江	184.45	194.94	206.03	217.75	230.13
上海	1755.59	1892.15	2039.32	2197.94	2368.90
江苏	634.75	680.50	729.55	782.14	838.51
浙江	619.94	666.45	716.45	770.20	827.98
安徽	275.97	275.68	274.63	272.75	269.96
福建	490.60	519.24	549.55	581.63	615.59
江西	279.41	295.72	312.99	331.26	350.60
山东	275.52	294.52	314.83	336.54	359.74
河南	284.33	301.90	320.55	340.35	361.38
湖北	436.67	460.60	485.84	512.47	540.55
湖南	298.66	312.88	327.78	343.39	359.74
广东	1104.30	1183.90	1269.23	1360.72	1458.80
广西	219.89	229.60	239.74	250.33	261.39

续表

地区	2016 年	2017 年	2018 年	2019 年	2020 年
海南	442.36	448.59	454.91	461.32	467.82
重庆	484.97	507.83	531.75	556.81	583.04
四川	1156.88	1195.59	1235.60	1276.94	1319.67
贵州	75.50	78.22	81.03	83.94	86.96
云南	232.28	243.34	254.93	267.07	279.78
陕西	243.09	255.53	268.60	282.34	296.79
甘肃	170.18	178.28	186.77	195.66	204.98
青海	63.34	64.23	65.14	66.05	66.98
宁夏	9.09	9.52	9.97	10.45	10.94
新疆	16.91	17.21	17.51	17.82	18.14
GDP 占比	568.57	604.54	642.85	683.65	726.53
CO$_2$ 占比	378.49	400.49	423.76	448.38	474.19

注：资本存量与劳动力采用"十二五"规划期间该变量的增长率测算，GDP 采用"十三五"规划中各地区 GDP 增长率加上 5% 测算，能源消耗量与二氧化碳排放量基于加上 5% 后的 GDP 增速与"十三五"规划中各地区能源强度和碳强度下降指标测算。

假设 GDP 增速上升的情形下，各地区碳排放影子价格表现与前面相似，2016～2020 年碳影子价格呈上升趋势，各地区影子价格依照大小排序结果与前面相同，但增速小于前面两种情况。以北京为例，北京碳影子价格 5 年间的增速分别为 7.78%、7.78%、7.78% 和 6.65%，"十三五"规划要求下该地区碳影子价格增速分别为 9.48%、9.48%、9.48% 和 8.33%，而在 GDP 增速下降的假设下，碳影子价格增速分别为 9.20%、9.20%、9.20% 和 8.06%。

如图 4-5 所示，在 GDP 增速增加的假设情形中，2016～2020 年 GDP 占比和 CO$_2$ 占比全国碳影子价格的加权平均值均呈上升趋势，其中，GDP 占比为权重的碳影子价格在 5 年间由 568.57 元/吨上升到 726.53 元/吨，增长了约 27.78%；碳排放量占比为权重的影子价格由 2016 年的 378.49 元/吨增长到 2020 年的 474.19 元/吨，增长了约

25. 28%。对比前面两类碳影子价格的加权平均值，其中在"十三五"规划中经济欠发达的地区本身经济增速要求相对较快，因为假设各地区 GDP 增速加快 5%，原来经济欠发达地区的 GDP 数值与碳排放数值增加相对较快，所以导致其权重较高，而由于这些地区的影子价格较低，因此导致最终得到的全国层面的碳排放影子价格的加权平均值相对较低。

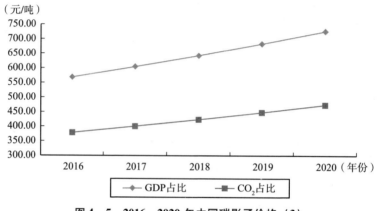

图 4 - 5   2016 ~ 2020 年中国碳影子价格（3）

（三）按照"十二五"规划各投入变量的变化率进行测算

由于一些地区经济增速可能超过"十三五"规划规定，如 2016 年天津 GDP 增长率为 9%，重庆 GDP 增长率达到 10.7%，均高于"十三五"规划要求指标，而一些地区由于处在经济结构调整的阵痛期，其经济增速可能会低于 GDP 增速目标；同样地，一些地区近年来碳排放量呈下降趋势，如北京、上海等地，而大部分地区碳排放量仍呈现增长态势。为区分各地区经济增速与碳排放量变动的差异，本部分将均采用"十二五"规划期间要素增长率变动对各投入产出要素进行测算，求得的碳排放影子价格如表 4 - 5 所示。

表 4 - 5　　　　　2016～2020 年中国省际碳排放影子价格（4）　　　单位：元/吨

地区	2016 年	2017 年	2018 年	2019 年	2020 年
北京	1692.74	2008.47	2383.10	2794.65	3044.14
天津	549.04	642.04	750.80	877.99	1026.72
河北	69.08	75.89	83.38	91.61	100.65
山西	34.88	39.24	44.14	49.65	55.85
内蒙古	39.85	47.80	57.34	68.78	82.51
辽宁	148.05	160.55	174.11	188.82	204.76
吉林	212.31	265.97	333.19	417.40	522.90
黑龙江	161.70	174.68	188.70	203.85	220.21
上海	1601.07	1834.92	2102.92	2410.07	2762.07
江苏	565.01	628.67	699.51	778.33	866.03
浙江	580.31	680.89	798.90	937.37	1099.83
安徽	312.20	293.74	279.21	262.36	242.99
福建	611.64	650.21	686.56	823.71	988.25
江西	234.59	243.05	251.82	260.91	270.32
山东	262.67	312.11	370.85	440.65	523.59
河南	294.02	376.40	481.87	616.89	789.73
湖北	482.04	654.44	888.49	1206.25	1637.65
湖南	432.03	466.19	494.03	510.97	608.81
广东	1044.69	1235.38	1460.89	1727.55	2042.89
广西	215.89	258.05	308.46	368.70	440.71
海南	456.05	441.39	479.44	520.76	565.65
重庆	614.01	731.89	865.68	1076.28	1380.85
四川	1210.87	1309.77	1416.76	1532.49	1657.66
贵州	80.08	102.61	131.46	168.43	215.79
云南	257.01	347.35	469.46	634.50	857.55
陕西	224.99	255.22	289.51	328.41	372.53
甘肃	161.28	186.70	216.13	250.19	289.63

续表

地区	2016 年	2017 年	2018 年	2019 年	2020 年
青海	56.72	60.05	63.58	67.31	71.27
宁夏	8.63	10.01	11.62	13.48	15.64
新疆	13.28	12.38	11.54	10.75	10.02
GDP 占比	552.75	636.22	734.74	855.00	997.21
CO_2 占比	370.37	420.87	478.49	546.62	625.44

注：资本存量、劳动力、能源、GDP 与二氧化碳排放量均按照各地区在"十二五"规划期间各变量的增长率进行预测。

按照"十二五"规划期间各地区投入产出变量的增速测算"十三五"规划期间各变量的数值，由此计算各地区的碳影子价格与其加权平均数值。由此可得，各地区在 2016 年的碳影子价格较其他假设情形下更低，但随着年份的推移，由于经济增速和碳减排活动的进行，各地区碳影子价格增速较快，使得 2020 年各地区碳影子价格与以上各类情形均不相同。具体来看，仅安徽与新疆两个地区碳影子价格呈下降趋势，其他地区中，云南在 5 年内的碳影子价格增速最高，2020～2016 年的增长率为 233.66%，内蒙古、吉林、河南、重庆和贵州的碳影子价格增速高于 100%。

同样地，由于在"十二五"规划的基础上对 GDP 与碳排放量等数据进行测算，经济发达地区的 GDP 较高而碳排放量较少，特别是北京、上海等地的二氧化碳排放量呈下降趋势，导致在"十三五"规划期间各地区经济发展与节能减排表现出"优者愈优，而劣者愈劣"的形势，促使在 GDP 与 CO_2 为权重的情况下，2016 年初始的全国碳影子价格加权平均值分别为 552.75 元/吨和 370.37 元/吨（见图 4-6）。低于以上假设情形，但由于增速加快，在 2020 年 GDP 与 CO_2 为权重的碳影子价格数值分别为 997.21 元/吨和 625.44 元/吨，增长了约 80.41% 和 68.87%。

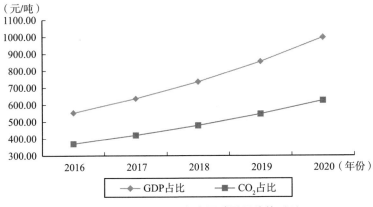

图 4 - 6　2016～2020 年中国碳影子价格（4）

　　对比两类权重的碳排放影子价格，以 GDP 为权重测算的碳影子价格加权平均值高于以 CO_2 为权重的加权平均值，由于碳交易体系以减排活动为主，因此以 CO_2 为权重的加权平均的碳影子价格更适宜作为碳价格上限的参考。综合以上假设情形所测算的碳影子价格可得，以碳排放量为权重的碳影子价格加权平均值在 300～600 元/吨，其中表 4 - 4 中基于"十二五"规划增速所测算的影子价格最高，这主要是由于其约束超过了"十三五"规划要求，使得 GDP 增速更快，而碳排放量降低更多。因此，综合来说，全国碳价格上限为 300～500 元/吨可确保实现"十三五"规划中的经济增长与减排要求。

　　在不同假设情形下，各地区碳排放影子价格差异较大，而最终基于 CO_2 为权重的全国碳影子价格加权平均值差异较小。由于各地区边际减排成本的差异，对于连接区域碳市场政府仍须采用较为温和的方式，避免出现结构性破坏。将全国碳市场与区域碳市场相结合的目标是碳价格信号的融合，需要先减少外部冲击和结构破坏，以保证全国碳市场价格的形成，而后开发宏观调控工具，建立"系统的系统"（陈波，2013），加强子系统之间的信息交流，提升其协同性，以应对单一交易系统市场失灵的问题。

第四节　本章小结

本章在明确了减排、经济结构调整与碳价的互动机理的基础上论述了碳定价的相关基础，在数理角度分析了碳价形成机制与碳价的影响因素，并确定了碳价区间，明确碳价上限为碳排放影子价格，碳价下限为减排技术投资的边际成本。同时，基于"十三五"规划中的经济增长要求和碳减排要求，设定了经济发展水平与能源消耗、碳排放之间的动态关系，进而测算了满足"十三五"规划阶段需要的碳价上限，并设定了不同的情景模式，通过改变经济增速的假设分析不同情况下的碳排放影子价格。

第一，从传统价格理论和金融资产定价理论两个角度探究价格形成机制。其中，传统价格理论包括劳动价值论、边际效用价值论与均衡价格理论，金融资产定价理论包括资本资产定价模型与套利定价模型，并进一步分析了不同理论下碳价形成的适用性。结果表明，边际收益等于边际成本是目前碳交易体系的内在理论支柱，也就是说，边际减排成本是碳权配额价格的重要标量，当边际减排成本高于或低于碳价时，控排企业会选择购买或卖出配额来降低或提高自身成本，配额价格由此发生相应变动，回到与边际减排成本相一致的均衡价格。

第二，基于均衡碳价等于边际减排成本的基础理论推导了碳价形成的影响因素，结果表明碳权配额价格取决于惩罚力度和碳权短缺的概率预期，但中国碳市场的罚金对于控排企业的约束性较小，而配额稀缺性则取决于经济发展与减排指标的需求。在此基础之上，将碳价影响因素分为经济因素、减排因素与政策因素，并进行了模型的构建。随后从理论角度探究了碳价的区间，研究得出碳排放影子价格为碳价上限，基于技术手段增加一单位碳减排所增加的生产成本为碳价下限，若碳价低于减排技术的边际成本，控排企业则会选择购买配额，而不进行碳减排活动。

第三，推导了基于经济增速与碳强度下降指标下的碳总量下降目标，并在此基础之上，设定了经济增速的不同情形，并将 GDP 和 CO_2 分别作为权重测度了全国碳排放影子价格的加权平均值，并进行了对比。结果表明，以 CO_2 为权重的加权平均的影子价格更适宜作为碳价格上限的参考，且全国碳价格的上限在"十三五"规划期间确定为 $300 \sim 500$ 元/吨可实现经济增长与减排要求。

第五章

中国碳市场溢出效应研究

碳交易是减排最经济、最有效的手段。自 2013 年 6 月到 2014 年 6 月，中国七个碳交易试点全部开市交易；2017 年 1 月福建碳市场开市交易，截至 2018 年 1 月份，试点碳市场运行近 5 年，用以进行地区减排，并为全国统一碳市场的构建提供经验。随着碳交易体系的快速发展，各试点碳市场的运行已逐步进入正轨。虽然各碳市场仅存在省内或市内交易，且各试点的政策制度、运行情况均有所差异，但由于各试点经济基本面的空间关联与市场机制的设定，各试点碳市场必然存在一定的关联性。这一关联性体现为试点碳市场间的溢出效应，溢出效应的存在就使得试点碳市场间存在市场整合的可能性。2017 年 12 月 19 日全国统一碳市场启动，但其仍须经过基础建设、模拟运行和深化完善期三个阶段，到 2020 年开市交易，进而成为超越 EU ETS 的碳交易体系。由此可见，截至 2020 年前，试点碳市场仍是地区碳减排的主要渠道。明确碳市场间的溢出效应，一方面是作为碳定价因素之一探究碳价运行机制，对理解各市场碳价的价差与波动具有重要意义，由于溢出效应意味着市场波动存在相互的风险传染性，会加大市场风险，因此明确该溢出效应机理与渠道对加强碳市场风险管理、降低风险传染性具有一定意义；另一方面是探究试点碳市场的关联性，也能够为试点碳市场与全国碳市场的连接提供理论基础和依据。

第一节　溢出效应的理论基础

一、溢出效应的定义

溢出效应是一种外部效应，广义上来说，是指一个组织进行某项活动时，不仅会收到活动所预期的效果，还会对组织之外的社会产生影响。金融市场的溢出效应则指某个市场的运行过程不仅会受到自身条件的制约，还会受到其他市场的影响。本书的碳市场溢出效应包括均值溢出效应和波动溢出效应两类，其中，均值溢出效应指碳市场的收益率不仅受到自身前期的影响，也受到其他市场收益率的影响，表示碳市场价格一阶距的相关性；波动率溢出效应指碳市场的波动传染性，该碳市场的波动率不仅受到自身前期波动率的影响，也受到其他市场波动情况的影响（熊正德和韩丽君，2013），代表碳市场价格二阶矩的相关性。现有文献对碳市场溢出效应的研究，主要分为碳交易市场与化石能源市场的关联与溢出效应，以及 EUA 与 CER 价格联动机制两类。

二、溢出效应的原因

（一）市场分割

市场分割指同质产品在市场间存在流通障碍和差异。卡伯特森（Culbertson，1957）提出市场分割的概念是指由于法律、偏好等因素的制约，投资者和债券发行者无法无成本地实现资金在不同期限债券间的自由转移。随后，豪和马杜拉（Howe & Madura，1990）在 1990 年提出，资本能否自由地流入或流出某一市场作为判断该市场是否和其他市场分割的依据。唐齐鸣和刘亚清（2008）认为产品在市场中的流通困难导致了市场分割，而市场分割反过来则引起了同质产品在不同市场的差异。

中国碳市场的分割主要体现在试点碳市场的地域分割，以及制度要求下碳市场间的差异。总体来说，碳市场的分割既包括地理位置影响而造成的天然性市场分割，又包括政府干预下的人为性市场分割。在天然性市场分割中，仅北京与天津、重庆与湖北、广东与深圳的碳市场属于相邻市场。在人为性市场分割中，由于各地区政府为满足自身经济发展与能源结构特征，使得不同试点碳市场的政策法规和制度设计存在一定差异，如上海碳市场一次发放三年配额，并引入先期减排配额制度；湖北碳市场规定未经交易的配额过期注销；重庆碳市场规定企业配额自主申报的配额配发模式；广东碳市场初始配额采用免费发放与拍卖原则相结合的模式，且各市场之间不能够进行交易。同时，随着各市场的运行，其交易价格也存在较大的差异，2016 年北京碳市场年度均价为 31. 88 元/吨，上海碳市场为 5. 07 元/吨，深圳碳市场为 16. 52 元/吨①。因此，各试点碳市场间存在市场分割；然而，随着各地区经济溢出效应的加强和全国统一碳市场的建立，试点碳市场的一体化是必然结果。

(二) 市场有效性假说

金融资产运行过程中，投资者较为关心的是资产价格如何运行，以及是否能够通过现有已知信息进行预测。自巴杰特（Bagehot，1971）于 1971 年提出信息模型理论后，信息作为金融产品价格形成的重要变量之一，备受关注。具体来说，信息包括公开信息与私有信息。其中，公开信息是市场交易者都知道的信息，其获取的成本为零，如市场发布的交易价格信息、市场新规定的制度信息等；私有信息是指仅部分交易者知道的信息，这些信息的知情者会根据私有信息获取回报，直到价格基于新的信息进行调整，而不知情的交易者会在知情交易者基于私有信息进行交易并对市场传达私有信息内容之后，根据市场修正后的后验概

---

① http：//www. tanjiaoyi. org. cn/k/index. html。

率进行交易，从而导致市场价格的变动。

因此，若市场是有效的，那么市场中的资产价格会反映出相应的各种信息，当 N 个市场面临同样的信息或公开信息时，其价格走势与波动情况很可能是相似的，这样就可能造成溢出效应。当每个市场吸收信息速度一致时，各市场便会形成一致的波动态势；当每个市场吸收信息速度不一致时，吸收信息速度慢的市场价格便会呈现滞后效应，表现出跟随吸收信息速度快的市场价格波动现象，从而形成溢出效应。同时，当市场是非强势有效时，即存在私有信息时，同一个市场内交易者的交易行为存在差异，并扩展到多个市场，当其他市场的交易者观察到该市场信息时，也会呈现一个滞后的价格变动。

碳交易市场本质上作为一个政策性市场在很大程度上受到政府规章制度的管制，当国家出台相应的环境保护、碳减排或投资者管理等相关的法律条文与政策时，各试点市场均会做出反应，价格表现为升高或降低以体现出控排企业和投资者需求的变动。在政策性因素之外，各市场面临的公开信息和私有信息也会使得碳市场间存在溢出效应。

（三）经验法则

经验法则是指凭借经验解题的方法，又称为启发式方法或拇指法则。当投资者估计事件发生的可能性时，会倾向于依照自己的经验，也就是事件在记忆中的可能性程度来判断，这一法则体现了投资活动中的一种规则。在金融市场中，由于资产价格的变动受到多种因素的影响，投资者也会受到时间与技术手段的限制而无法完全获取这些信息，此时他们会采用凭借经验的启发式判断，以此简化决策。

碳交易市场作为一个新兴市场，法律法规制定不够完善，信息披露也不够完全，控排企业与投资者可能无法获取足够的信息进行决策，因此控排企业和投资者会基于自身的经验判断，最终形成决策，从而可能造成市场的溢出效应。

（四）传染效应

传染效应指市场中的风险或危机在其他市场中的一种扩散现象，一个市场的价格波动会引起其他市场的相应波动，主要表现为多个市场价格同时上涨或同时下跌，体现在依存度较高或特征相似的市场中。市场间传染效应形成的主要原因在于两方面，一是市场面临着相同的基本面因素制约，这与市场分割理论下的市场溢出效应原因相似；二是市场波动对投资者心理预期和资产调整行为的影响，这与经验法则相似。经验法则是投资者受各种因素的限制而依照自身的经验判断进行决策，而传染效应则凸显某一市场的波动引起投资者对某种资产或其他市场的预期变动，当投资者观察到某一市场的波动加大时，会预期其他市场的风险加剧，进而改变自己的决策，调整投资行为，最终使得其他市场价格的波动的增加。

碳市场中的控排企业与投资者在基于自身经验进行交易决策的同时也会观察其他碳市场的价格走势，从而预期自身所在地区碳市场的价格波动情况，进行交易行为。当突发性事件引起某一碳市场的风险加大时，控排企业和投资者会担心这一风险发生在所在地碳市场，进而导致该地市场的风险加大。

三、碳市场溢出效应渠道

在明确了溢出效应的原因之后，下面将从更为具体的角度探究试点碳交易市场溢出效应的渠道。由前面可知，尽管各碳市场表现出市场分割现象，但由于市场有效性假说、控排企业与投资者经验法则、传染效应等因素的影响，导致试点碳市场间具有关联性。本书把上述原因具体分为两个溢出效应渠道：一类为各市场之间存在一系列属性相似的基本因素，从而导致市场呈现相似的变动特征；另一类为预期因素所致，主要体现为控排企业与投资者预期变动而导致的风险传染效应和流动性困境现象。

（一）各试点碳市场之间的相似因素

1. 经济基本面因素

宏观渠道主要指各试点碳市场所面临的相同或相似的宏观经济基本面。一方面，各碳市场虽然位于不同的地区，其经济发展水平、能源结果与产业结构存在差异（如北京、上海的服务业较为发达，而湖北与天津为工业主导型经济），但各地区均面临着相同的国家经济发展模式，特别是中国步入新常态经济模式，各地区均须进行经济结构调整与转型升级，以助力供给侧结构性改革。另一方面，虽然各地区面临的经济发展状况不同，特别是作为碳价影响因素的经济发展水平和能源消耗水平存在差异，但各地区的社会经济水平（潘文卿，2012；李敬等，2014；刘华军和何礼伟，2016）与能源消费结构（刘华军等，2015）存在关联和溢出效应，因此，这一间接渠道造成了碳价之间的溢出效应，如图5-1所示（以北京和上海为例）。北京与上海碳市场交易价格均受到自身经济发展水平与能源消费水平的影响，当两个地区的经济与能源存在关联性时，必然导致碳价呈现溢出效应。

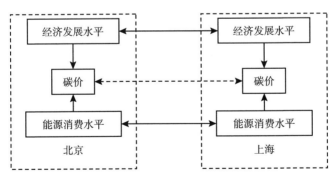

图5-1　基于经济水平与能源消费关联的北京与上海碳价溢出效应间接渠道

汇率能够基于能源替代与进出口影响碳价，而各地区面临的汇率相同，因此各市场碳价可能会因相同的汇率冲击造成碳价相似的波动趋势。基于王倩和路京京（2017）的研究构建汇率对碳价影响机理的路径（见图 5 - 2），由于汇率对能源价格和进出口贸易的非对称性，汇率变动对于碳价影响也存在非对称效应。

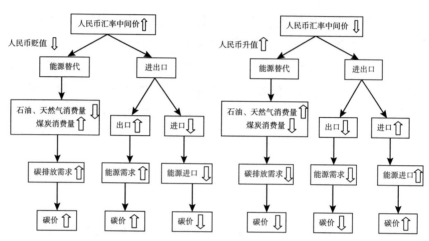

图 5 - 2　汇率对碳价的影响渠道（左：人民币贬值；右：人民币升值）

2. 环保政策与地理位置因素

国家颁布的环境保护政策和节能减排规定等均能够对碳市场造成相同的影响，如《碳排放权交易管理暂行办法》《"十三五"控制温室气体排放工作方案》《国家发展改革委办公厅关于做好 2016、2017 年度碳排放报告与核查及排放监测计划制定工作的通知》等政策或规定的提出，会对各试点碳市场价格造成冲击，并引发价格的关联性。同时，地理位置越相近的地区，其天气和温度对碳市场的影响越相似（郭文军，2015；王倩和路京京，2015），如北京和天津、重庆和湖北、广东和深圳由于地理位置较为接近，同时遇到极端天气的可能性较大，因此会引起相同的碳价波动。

（二）预期渠道

碳市场间的溢出效应不一定必然通过宏观经济层面进行传递，某一碳市场价格波动也可能会通过影响控排企业和投资者的预期，引起另外碳市场价格的波动，可以称之为预期渠道。由于金融资产价格波动的复杂性，在传统金融市场中，投资者对于价格变动的预期往往基于自身的经验做出预测、进行决策；同时，由于碳市场是一个新的市场，没有较多的数据和经验可以依赖，因此控排企业与投资者对于价格变动的预期也会依靠其他碳市场价格波动情况进行分析。在这种情况下，预期便成为碳价溢出效应的一个重要渠道。

与传统的金融市场不同，碳配额的价值是基于强制减排政策而形成的，若没有设定控排指标，碳权配额便没有了价值。因此，碳市场相关的政策制度对配额价格影响较大，特别是配额供给的影响：过多的配额供给会造成价格下跌，控排企业根本无须减排；而过少的配额供给则会造成控排企业减排压力过大，生产层面受到严重影响，最终导致经济下滑。例如，2006 年欧盟碳交易体系曾由于配额供给过剩造成 EU ETS 市场价格崩溃。由此可得，当观察到某一碳市场出现市场波动现象时，控排企业与投资者会基于预期调整自身碳资产比例，从而引起其他碳市场价格的波动。

同时，各碳权市场的制度规定较为相似，控排企业与投资者能够基于某一碳市场的信息来调整对另一碳市场的认知。由于各试点碳市场履约期到期日不同，广东碳市场一般为 6 月 20 日，而湖北碳市场可延长到该年度的 7 月份，因此湖北碳市场的投资者可通过观察广东碳市场履约窗口期的碳价波动情况来对本市场的发展进行预期，从而调整自身交易的频率和交易量。

另外，某一市场的流动性问题也会因预期渠道传导到其他市场。例如，控排企业会担忧因经济增速放缓而导致碳配额需求下降，从而造成碳配额供给过剩。一旦配额交易者形成了这种预期，就会抛售碳配额，造成市场中价格下降的情况。与此同时，一个市场的流动性问题也会"传染"到其他碳市场中，这种恐慌情绪的蔓延会导致其他碳市场也出现价格大幅下降的现象，进而造成整个碳市场流动性枯竭问题，形成流动性困境，最终导致市场失灵。

第二节 碳市场价格的特征分析

一、碳价的描述性统计

本节选取中国试点碳市场价格进行描述性统计分析。碳市场选取北京、天津、上海、湖北、广东与深圳 6 个碳市场，其中，由于重庆碳市场有效交易日较少，福建碳市场正式开市交易为 2017 年 1 月 9 日，因此舍去这两个碳市场数据。因为分析碳市场的溢出效应需要满足碳价一一对应的要求，因此本书最终选取时段为 2014 年 7 月 1 日~2017 年 6 月 30 日 3 个履约期[①]。去除 6 个试点碳市场中交易全部为 0 的日期，当某一碳市场不存在交易，而其他碳市场存在交易时，选取该市场有效交易日的价格作为补充[②]，最终有 737 个观测值[③]。

在 2014 年 7 月 1 日~2017 年 6 月 30 日 3 个履约期中，试点碳市场的年均收盘价分别为 35.42 元/吨、26.02 元/吨与 25.18 元/吨，价格随着年份逐渐降低，其中，2014 年履约期年度均价最高，2015 年与 2016 年履约期年度均价相似，维持在 25 元/吨左右。具体到各试点碳市场，其配额价格存在明显的区域差异。由表 5-1 可知，6 个试点碳市场在 3 年履约期的配额收盘价的平均价格分别为 49.20 元/吨（北京）、19.88 元/吨（天津）、22.47 元/吨（上海）、21.21 元/吨（湖北）、19.68

---

① 2014 年履约期为 2014 年 7 月 1 日~2015 年 6 月 30 日，2015 年履约期为 2015 年 7 月 1 日~2016 年 6 月 30 日，2016 年履约期为 2016 年 7 月 1 日~2017 年 6 月 30 日。各试点碳市场的履约期略有差异，但为保证碳价一一对应的要求，各试点碳市场选取了相同的履约期时间。同时，由于对某一年的履约期进行 GARCH-BEKK 模型分析，其数据量相对较小，因此本书选取 2014 年~2016 年 3 个履约期进行综合分析。

② 例如，北京碳市场在 2015 年 12 月 29 日没有交易，而湖北市场在该日存在交易，因此选取北京碳市场在存在交易的 2015 年 12 月 28 日的收盘价作为补充。

③ http://www.tanjiaoyi.org.cn/k/index.html。

元/吨（广东）和 40.85 元/吨（深圳），相比之下，北京与深圳碳市场配额价格最高，而天津与广东碳市场配额价格最低。各碳市场的历史最高收盘价和历史最低收盘价与均价表现相同，北京与深圳的历史最高收盘价为 77 元/吨~79 元/吨，最低价也在 20 元/吨之上；而天津、上海与广东碳市场的历史最低收盘价均低于 10 元/吨，分别为 7.00 元/吨、4.20 元/吨和 8.10 元/吨。

表 5 - 1　　　　　　　**2014~2016 年履约期试点碳市场收盘价、**

历史最高和历史最低　　　　　单位：元/吨

试点	收盘价	历史最高	历史最低
北京	49.20	77.00	30.00
天津	19.88	39.60	7.00
上海	22.47	48.00	4.20
湖北	21.21	29.10	10.07
广东	19.68	71.09	8.10
深圳	40.85	78.65	20.57

资料来源：http://www.tanjiaoyi.org.cn/k/index.html。

由表 5 - 2 可知，从不同履约期来看，北京与上海碳市场的配额价格呈现先下降后上升的波动态势。例如，北京碳市场在 2014 年履约期的碳配额均价为 52.98 元/吨，在 2015 年履约期下降为 43.03 元/吨，下降了约 18.78%，随后在 2016 年履约期上涨至 51.68 元/吨；而上海碳市场在 2014 年履约期的碳配额均价为 32.94 元/吨，在 2015 年履约期下降为 10.32 元/吨，下降了 22.62 元/吨，下降率约为 2014 年碳价的 68.67%，随后上涨至 2016 年履约期的 24.27 元/吨。虽然北京与上海碳市场配额价格呈先下降后上升的趋势，但 2016 年履约期碳价仍小于 2014 年履约期碳价。总体来看，在 2014~2016 年 3 个履约期中，碳配额价格下降。其他 4 个试点碳市场碳配额均价均呈现随年份推移而下降的趋势，其中，天津碳市场 3 个履约期的配额均价分别为 23.64

元/吨、21.95 元/吨与 13.95 元/吨，3 年下降了约 40.99%；湖北、广东与深圳在 3 个履约期的碳配额下降率分别为 33.99%、55.71% 与 34.44%，对比来说，广东碳市场在 3 年履约期中的碳配额均价的下降程度最大。

表 5-2   2014 年、2015 年和 2016 年履约期试点碳市场收盘价均价

单位：元/吨

试点	2014 年履约期	2015 年履约期	2016 年履约期
北京	52.98	43.03	51.68
天津	23.64	21.95	13.95
上海	32.94	10.32	24.27
湖北	24.89	22.24	16.43
广东	30.32	15.25	13.43
深圳	47.77	43.34	31.32

为更清晰且全面地观察 6 个碳市场配额价格的变动，本书以 2014 年 7 月 ~ 2017 年 6 月碳配额价格的月度数据为例，绘制试点碳市场配额价格时间序列图，如图 5-3 所示。由图 5-3 可以看出，在大部分时间内，部分试点碳市场配额价格具有相似的上涨或下降趋势，而部分时间的碳配额价格则呈现了相反的变动趋势。在 2015 年 6 月之前，北京、上海、广东与深圳碳市场配额价格均呈现下降趋势，四者的联动效应较为明显，而天津与湖北碳市场配额价格基本维持不变。2015 年 6 月 ~ 2016 年 6 月，除北京和深圳碳市场外，另外 4 个碳市场配额价格走势基本稳定，呈现小幅波动，而北京与深圳碳市场的配额价格走势基本相反。2016 年 7 月 ~ 2017 年 6 月，上海与深圳碳市场配额价格均呈现上升趋势，且两者价格的最高值基本维持在 37 元/吨左右；同时，另外 4 个碳市场的配额价格基本维持不变，其中，北京碳市场价格呈小幅度波动，天津、湖北与广东碳市场配额价格有小幅度的下降。

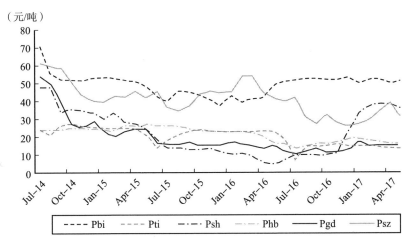

（元/吨）

图 5 - 3　2014 年 7 月~2017 年 6 月试点碳市场配额价格时间序列

资料来源：http://www.tanjiaoyi.org.cn/k/index.html。

二、碳价收益率的描述性统计

为保证数据的平稳性，本书对 2014 年 7 月 1 日~2017 年 6 月 30 日的 6 个试点碳市场的价格数据进行对数差分处理，如式（5-1）所示：

$$R_{i,t} = 100 \times \ln(P_{i,t}/P_{i,t-1}) \tag{5-1}$$

其中，R_t 表示碳交易市场收益率，P_t 表示碳交易市场收盘价，$i = 1, 2, \cdots, 6$ 表示 6 个碳市场。

表 5-3 为 6 个试点碳市场收益率描述性统计。可以看出，各试点碳市场收益率均值均为负，收益率的最大值存在于天津和上海碳市场，分别为 0.967 和 0.885，最小值也为这两个碳市场，分别为 -0.967 和 -0.504。其中，天津碳市场的价格波动更大，这主要是由于该市场有效成交日较少，导致价格波动较大；而湖北碳市场由于"未经交易的配额过期注销"政策，促使控排企业在履约期前进行交易，提高了该市场的流动性，因此碳价相对稳定。同时，偏度与峰度值表示各试点碳市场收益率均存在"尖峰厚尾"特征，JB（Jarque-Bera, JB）值也表明各试点碳市场收益率拒绝正太分布的假设，因此在后面的 GARCH - BEKK

模型中，选取 t 分布进行模型拟合。

表 5 – 3   碳市场收益率描述性统计

	均值	最大值	最小值	标准差	偏度	峰度	JB 值
$R_{bj,t}$	0	0.370	-0.391	0.062	-0.623	11.158	2088.736***
$R_{tj,t}$	-0.002	0.967	-0.967	0.079	0.340	91.365	239470.500***
$R_{sh,t}$	0	0.885	-0.504	0.071	2.276	52.423	75543.100***
$R_{hb,t}$	-0.001	0.156	-0.164	0.029	-0.124	8.444	910.809***
$R_{gd,t}$	-0.002	0.310	-0.336	0.058	-0.063	6.526	381.728***
$R_{sz,t}$	-0.002	0.228	-0.228	0.068	-0.124	3.516	10.052***

注： *** 代表变量在1%的置信水平下拒绝原假设。bj、tj、sh、hb、gd 与 sz 分别表示北京、天津、上海、湖北、广东与深圳碳市场。其中，北京与上海碳市场收益率均值分别为 -0.000371和 -0.000377。

如图 5 – 4 所示，具体来看，在 2014 年 7 月 ~2017 年 6 月各碳市场的月度收益率中，各试点碳市场均呈现不同程度的波动聚集特征，其中，天津碳市场由于有效交易日较少，流动性较差，因此存在半数日期收益率为 0 的情况，即没有波动现象。自开市交易截至 2018 年 1 月，天津碳市场总交易量为 300.5 万吨，小于重庆碳市场的 751.6 万吨，仅高于 2017 年 1 月开市交易的福建碳市场（交易量为 207.6 万吨）[1]，因此总体来说，天津碳市场收益率较其他碳市场较为平缓，仅在 2016 年第三季度出现较大的波动。其他碳市场交易相对频繁，因此收益率波动程度较高，其中，北京与上海碳市场由于价格相对稳定，且碳交易量相较另外 3 个省份较少，两者的交易总量约占所有碳市场交易量的 12.8%；湖北、广东与深圳碳市场交易量较高，且交易较为频繁，三者的交易量占全部碳市场的 78%。

---

[1] http://www.tanjiaoyi.org.cn/k/index.html。

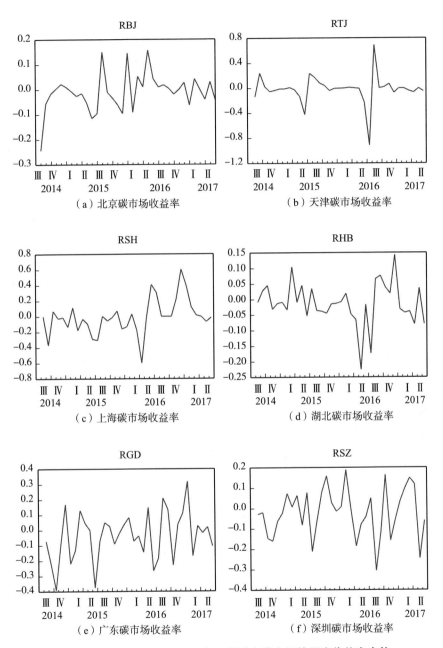

图 5 - 4　2014 年 7 月 ~ 2017 年 6 月试点碳市场的月度收益率走势

第三节 碳市场溢出效应的实证研究

一、研究方法

现有文献中，碳交易市场与能源市场、EUA 与 CER 价格的非对称溢出效应是学者重点关注的问题，如张跃军和魏一鸣（2010）、吴恒煜和胡根华（2014）与张等（Zhang et al.，2016），都基于此来探究碳交易的对冲与避险方式。然而现有文献存在两方面的限制，其一是由于中国碳市场开立了较多的试点碳市场，且建立的时间较晚，因此缺乏对其试点碳市场内部溢出效应的研究；其二是现有文献对市场两两关联的分析仅依赖图表论述，使得"市场—市场"间的关联性与溢出效应无法直观体现，当出现较为复杂的溢出效应网络时，无法揭示更多的溢出效应特征。因此，本书采用六元非对称 t 分布的 VAR – GARCH – BEKK 模型①与社会网络分析法对中国试点碳市场进行收益率与波动率的溢出效应研究，并建立溢出效应网络，测算其网络密度、网络关联度与度数中心度指标，明确市场间的价格传导机制和整合基础。

（一）VAR – GARCH – BEKK 模型

VAR – GARCH – BEKK 模型属于多元 GARCH 模型，既能够基于向量自回归（VAR）模型分析一阶矩的溢出效应，又能够根据广义自回归条件异方差（GARGH）模型分析二阶矩的溢出效应。因此，本书将运用 VAR 模型探究碳市场收益率一阶矩的溢出效应，基于格兰杰因果检验（Granger Causality Tests）判定市场收益率间的因果关系，选取最

---

① DCC – MVGARCH 模型与 Copula – GARCH 模型仅能够分析市场间的相互联系与依存度，而不能确定市场溢出效应的指向性，因此本书选取 BEKK – GARCH 模型进行分析。

优滞后阶数，进而构建 VAR 模型，如式（5-2）所示：

$$R_{i,t} = \beta_0 + \beta_1 \sum_{j_1=1}^{t-1} R_{1,t-j_1} + \beta_2 \sum_{j_2=1}^{t-1} R_{2,t-j_2} + \beta_3 \sum_{j_3=1}^{t-1} R_{3,t-j_3} + \beta_4 \sum_{j_4=1}^{t-1} R_{4,t-j_4}$$

$$+ \beta_5 \sum_{j_5=1}^{t-1} R_{5,t-j_5} + \beta_6 \sum_{j_6=1}^{t-1} R_{6,t-j_6} + \varepsilon_{i,t} \tag{5-2}$$

其中，$R_{i,t}$ 为碳市场 i 在 t 日的收益率，$R_{1,t-j_1} \sim R_{6,t-j_6}$ 分别为 6 个碳市场收益率的滞后项，其系数 β 是否等于 0 取决于 Granger 因果检验，若市场间不存在因果关系，则 β 为 0，$\varepsilon_{i,t}$ 为扰动项。因此，式（5-2）可以简化为式（5-3）：

$$R_{i,t} = \beta_0 + \sum_{g=1}^{6} \beta_g \sum_{j_h=1}^{t-1} R_{h,t-j_h} + \varepsilon_{i,t} \tag{5-3}$$

由于 VAR 模型仅能够探究市场收益率的溢出效应，因此本书运用多元 GARCH（MGARCH，又称为 VGARCH）模型进行波动溢出效应分析，其基本方程如式（5-4）所示：

$$\text{Vech}(H_t) = C + \sum_{i=1}^{q} A_i \text{Vech}(\varepsilon_{t-i}, \varepsilon'_{t-i}) + \sum_{j=1}^{p} B_j \text{Vech}(H_{t-j}) \tag{5-4}$$

其中，ε_t 表示残差项，H_t 表示 ε_t 的条件方差协方差矩阵，C、A 与 B 分别表示常数、ARCH 项与 GARCH 项的系数矩阵。由于式（5-4）的估计结果容易导致系数 A 和 B 为负值，因此为了满足协方差矩阵的正定性，减少参数估计的个数，本书采用 BEKK 模型解决该问题，方差方程如式（5-5）所示：

$$H_t = CC' + \sum_{i=1}^{q} A_i (\varepsilon_{t-i} \varepsilon'_{t-i}) A'_i + \sum_{j=1}^{p} B_j H_{t-j} B'_j \tag{5-5}$$

其中，H_t 为 ε_t 的条件方差协方差矩阵，C 为下三角矩阵，A_i、B_j 为方阵。以二元 GARCH（1，1）-BEKK 模型为例，其矩阵形式如式（5-6）所示：

$$H_t = \begin{bmatrix} h_{11,t} & h_{12,t} \\ h_{21,t} & h_{22,t} \end{bmatrix} \quad C = \begin{bmatrix} w_{11} & 0 \\ w_{21} & w_{22} \end{bmatrix} \quad A = \begin{bmatrix} \alpha_{11} & \alpha_{12} \\ \alpha_{21} & \alpha_{22} \end{bmatrix} \quad B = \begin{bmatrix} \beta_{11} & \beta_{12} \\ \beta_{21} & \beta_{22} \end{bmatrix}$$

$$\left(\varepsilon_{t-1}\varepsilon'_{t-1}\right) = \begin{bmatrix} \varepsilon_{1,t-1}^2 & \varepsilon_{1,t-1}\varepsilon_{2,t-1} \\ \varepsilon_{2,t-1}\varepsilon_{1,t-1} & \varepsilon_{2,t-1}^2 \end{bmatrix} \quad H_{t-1} = \begin{bmatrix} h_{11,t-1} & h_{12,t-1} \\ h_{21,t-1} & h_{22,t-1} \end{bmatrix}$$
$$(5-6)$$

将式（5-6）展开后，结果如式（5-7）~式（5-9）所示：

$$h_{11,t} = w_{11}^2 + (\alpha_{11}^2\varepsilon_{1,t-1}^2 + 2\alpha_{11}\alpha_{21}\varepsilon_{1,t-1}\varepsilon_{2,t-1} + \alpha_{21}^2\varepsilon_{2,t-1}^2)$$
$$+ (\beta_{11}^2 h_{11,t-1} + 2\beta_{11}\beta_{21}h_{12,t-1} + \beta_{21}^2 h_{22,t-1}) \quad (5-7)$$

$$h_{22,t} = w_{21}^2 + w_{22} + (\alpha_{12}^2\varepsilon_{1,t-1}^2 + 2\alpha_{12}\alpha_{22}\varepsilon_{1,t-1}\varepsilon_{2,t-1} + \alpha_{22}^2\varepsilon_{2,t-1}^2)$$
$$+ (\beta_{12}^2 h_{11,t-1} + 2\beta_{12}\beta_{22}h_{12,t-1} + \beta_{22}^2 h_{22,t-1}) \quad (5-8)$$

$$h_{12,t} = w_{11}w_{21} + [\alpha_{11}\alpha_{12}\varepsilon_{1,t-1}^2 + (\alpha_{11}\alpha_{22}+\alpha_{12}\alpha_{21})\varepsilon_{1,t-1}\varepsilon_{2,t-1} + \alpha_{21}\alpha_{22}\varepsilon_{2,t-1}^2$$
$$+ \beta_{11}\beta_{12}h_{11,t-1} + (\beta_{11}\beta_{22}+\beta_{12}\beta_{21})h_{12,t-1} + \beta_{21}\beta_{22}h_{22,t-1}] \quad (5-9)$$

其中，$h_{11,t}$ 和 $h_{22,t}$ 分别为两个市场的条件方差，$h_{12,t}$ 和 $h_{21,t}$ 分别为两个市场的条件协方差；α_{11}、α_{22} 与 β_{11}、β_{22} 分别表示各自市场的 ARCH 波动效应与 GARCH 波动效应；α_{12} 与 β_{12} 分别表示市场 1 对市场 2 的 ARCH 波动效应与 GARCH 波动效应，ARCH 波动效应指市场 1 过去异常冲击对市场 2 的条件波动发生的改变，GARCH 波动效应指市场 1 对市场 2 的波动外溢；α_{21} 与 β_{21} 则分别表示市场 2 对市场 1 的 ARCH 波动效应与 GARCH 波动效应。

基于式（5-7）~式（5-9）可知，两个市场的波动溢出效应一方面由自身与另一市场的残差 $\varepsilon_{1,t-1}^2$、$\varepsilon_{2,t-1}^2$ 与 $\varepsilon_{1,t-1}\varepsilon_{2,t-1}$ 引起，另一方面则由自身和另一市场的波动 $h_{11,t-1}$、$h_{22,t-1}$ 与协方差 $h_{21,t-1}$ 引起。当 $\alpha_{21}=0$ 且 $\beta_{21}=0$ 时，式（5-7）为 $h_{11,t}=w_{11}^2+\alpha_{11}^2\varepsilon_{1,t-1}^2+\beta_{11}^2 h_{11,t-1}$，代表市场 1 的条件方差仅受自身前一期残差和前一期条件方差影响，没有市场 2 的波动溢出效应；当 $\alpha_{12}=0$ 且 $\beta_{12}=0$ 时，表明市场 2 仅受自身前一期残差和条件方差的影响。当 $\alpha_{21}\neq0$ 或 $\beta_{21}\neq0$ 时，表示市场 2 对市场 1 存在波动溢出效应；反之，当 $\alpha_{12}\neq0$ 或 $\beta_{12}\neq0$ 时，市场 1 对市场 2 存在波动溢出效应。

（二）社会网络分析法

社会网络分析法多应用于经济增长关联性（侯赟慧等，2009；李敬等，2014；刘华军和何礼伟，2016）与能源消费空间结构（刘华军等，2015）等与经济、能源相关的研究，本书将其引入碳市场溢出效应问题，以探究其空间关联与结构特征。在溢出效应网络中，网络中的点为每个碳市场，线则表示市场与市场间的关联，也就是溢出效应。同时，由于市场间的溢出效应存在指向性与不对称性，因此以箭头表示溢出效应的方向。社会网络分析法一般采用整体网络特征、个体网络特征与空间聚类分析进行分析，其中，空间聚类分析指通过块模型确定各板块中包含哪些市场或地区，用以研究该板块是净溢出、净受益①还是双向溢出角色。由于本书仅研究 6 个碳交易市场，不足以考虑聚类分析，因此不做过多研究。

1. 整体网络特征

网络密度为反映各碳交易市场间溢出效应的关联紧密程度，网络密度值越高，表明各市场间存在的溢出效应越密集。公式如式（5－10）所示：

$$ND_c = SE_a/SE_m = SE_a/[CM \times (CM-1)] \qquad (5-10)$$

其中，ND_c 为试点碳市场构成溢出网络的网络密度，SE_a 为各碳市场间实际存在的溢出效应构成的关联线数量②，SE_m 表示各碳市场间最大可能的关联数量，CM 表示碳市场的数量。

网络关联度指各碳交易市场间存在的直接与间接的关联路径，如果经由某一个碳交易市场将其他各碳市场相连，就表示其他市场构成的整体网络对这一碳市场存在较强的依赖性。公式如式（5－11）所示：

$$NC_c = RE_a/RE_m = RE_a/[CM \times (CM-1)/2] \qquad (5-11)$$

其中，NC_c 表示网络关联度，RE_a 表示实际"市场—市场"可达对数③，RE_m 表示各市场间最大可能的"市场—市场"可达对数，CM 表示碳市场的数量。

---

① 受益表示受到其他市场溢出效应的影响。
② 单向溢出效应表示数量为1，双向溢出效应表示数量为2。
③ 与网络密度不同，网络关联度为单向的"线"进行分析，而不考虑方向性。

在考虑"市场—市场"溢出效应是否对称的基础上，构建网络等级度指标，用于分析市场间的非对称可达。公式如式（5－12）所示：

$$NLD_c = 1 - SP_a/SP_m \qquad (5-12)$$

其中，NLD_c 表示网络等级度，SP_a 表示实际"市场—市场"对称可达点对数，SP_m 表示最大可能的"市场—市场"对称可达点对数。

2. 个体网络特征

个体网络特征主要分析单一市场的作用，因此可构建中心度指标，当某一市场越处于中心位置，其影响力就越大。中心度指标包括相对度数中心度和中间中心度，其中，相对度数中间度指某一市场与其他市场直接相连的市场数量和最大可能相连市场数量的比值；而中间中心度为考虑间接关联的基础上确定某一市场的"桥梁"作用，由于本书认为碳市场溢出效应的间接关联作用较小，因此不考虑中间中心度的测算。

二、溢出效应的实证研究

（一）单位根检验

在构建 VAR 模型与 GARCH－BEKK 模型之前，先对各变量进行 ADF 单位根检验（Augmented Dickey-Fuller Test）以保证变量平稳。因此做出假设：H_0：北京、天津、上海、湖北、广东与深圳碳市场配额收益率为不平稳的序列，H_1：北京、天津、上海、湖北、广东与深圳碳市场配额收益率为平稳的序列。ADF 单位根检验结果如表 5－4 所示。

表 5－4 单位根检验结果

变量	无	截距	截距和趋势
$R_{bj,t}$	－11.301 ***	－11.315 ***	－11.398 ***
$R_{tj,t}$	－26.441 ***	－26.454 ***	－26.441 ***
$R_{sh,t}$	－9.154 ***	－9.150 ***	－10.598 ***

变量	无	截距	截距和趋势
$R_{hb,t}$	-10.720^{***}	-10.773^{***}	-10.799^{***}
$R_{gd,t}$	-27.408^{***}	-27.425^{***}	-27.442^{***}
$R_{sz,t}$	-14.765^{***}	-14.796^{***}	-14.784^{***}

注：*** 代表变量在 1% 的置信水平下拒绝原假设。

在构建了各变量分别在没有截距和趋势项、仅存在截距项以及存在截距和趋势 3 类检验之后，结果表明 6 个试点碳市场的配额收益率 ADF 检验统计量均小于 1% 显著性水平下的临界值，因此拒绝变量是不平稳的原假设，可以认为各变量均不存在单位根，都为平稳变量。

（二）收益率溢出效应

为确定试点碳市场收益率一阶距的溢出效应，结合 LR、FPE、AIC、SC 与 HQ 准则选取 VAR 模型的最优滞后阶数为 2，并进行 Granger 因果检验以明确各变量之间的格兰杰因果关系，结果如表 5-5 所示。

表 5-5　　　　　　　　格兰杰因果检验结果

Chi-sq 值	$R_{bj,t}$	$R_{tj,t}$	$Rs_{h,t}$	$R_{hb,t}$	$R_{gd,t}$	$R_{sz,t}$
$R_{bj,t}$	—	0.007	0.343	0.358	2.099	0.863
$R_{tj,t}$	1.125	—	0.485	0.036	2.796 *	0.168
$R_{sh,t}$	0.257	1.228	—	0.669	0.030	0.735
$R_{hb,t}$	0.015	3.623 **	0.238	—	3.334 **	0.536
$R_{gd,t}$	1.224	0.646	1.170	0.205	—	0.087
$R_{sz,t}$	0.024	1.603	0.847	0.333	1.033	—

注：**、* 分别表示在 5%、10% 的显著性水平下显著。$R_{tj,t}$ 行（第二行）$R_{gd,t}$ 列（倒数第二列）的原假设为 $R_{tj,t}$ 不是 $R_{gd,t}$ 的 Granger 原因，由于 $R_{gd,t}$ 在 10% 的置信水平下拒绝原假设，因此 $R_{tj,t}$ 是 $R_{gd,t}$ 的 Granger 原因。

结果表明，湖北碳市场收益率 R_{hb} 是天津碳市场收益率 R_{tj} 和广东碳市场收益率 R_{gd} 的格兰杰原因，天津碳市场收益率 R_{tj} 是广东碳市场收益率 R_{gd} 的格兰杰原因。基于格兰杰因果检验结果，重新构建以每个碳市场为被解释变量的 VAR 模型，由于北京、上海、湖北与深圳不受其他市场收益率的影响，构建单变量的 ARMA 模型，而天津和广东碳市场则分别构建 VAR 模型。基于前面的格兰杰因果检验模型，本书构建的六元 VAR 方程如式（5-13）~式（5-18）所示：

$$R_{bj,t} = \beta_{bj,0} + \beta_{j_{bj}} \sum_{j_{bj}=1}^{t-1} R_{bj,t-j_{bj}} + \varepsilon_{bj,t} \qquad (5-13)$$

$$R_{tj,t} = \beta_{tj-hb,0} + \beta_{j_{tj}} \sum_{j_{tj}=1}^{t-1} R_{tj,t-j_{tj}} + \beta_{j_{hb}} \sum_{j_{hb}=1}^{t-1} R_{hb,t-j_{hb}} + \varepsilon_{tj-hb,t} \quad (5-14)$$

$$R_{sh,t} = \beta_{sh,0} + \beta_{j_{sh}} \sum_{j_{sh}=1}^{t-1} R_{sh,t-j_{sh}} + \varepsilon_{sh,t} \qquad (5-15)$$

$$R_{hb,t} = \beta_{hb,0} + \beta_{j_{hb}} \sum_{j_{hb}=1}^{t-1} R_{hb,t-j_{hb}} + \varepsilon_{hb,t} \qquad (5-16)$$

$$R_{gd,t} = \beta_{gd-tj-hb,0} + \beta_{j_{gd}} \sum_{j_{gdj}=1}^{t-1} R_{gd,t-j_{gd}} + \beta_{j_{tj}} \sum_{j_{tj}=1}^{t-1} R_{tj,t-j_{tj}}$$
$$+ \beta_{j_{hb}} \sum_{j_{hb}=1}^{t-1} R_{hb,t-j_{hb}} + \varepsilon_{gd-tj-hb,t} \qquad (5-17)$$

$$R_{sz,t} = \beta_{sz,0} + \beta_{j_{sz}} \sum_{j_{sz}=1}^{t-1} R_{sz,t-j_{sz}} + \varepsilon_{sz,t} \qquad (5-18)$$

其中，$R_{bj,t}$ ~ $R_{sz,t}$ 分别表示从北京到深圳试点碳市场配额收益率，$R_{bj,t-j_{bj}}$ ~ $R_{sz,t-j_{sz}}$ 表示各碳市场相应的收益率滞后期，各式中的 $\beta_{i,0}$ 为常数，$\varepsilon_{i,t}$ 为残差序列；在天津与广东碳市场收益率的 VAR 模型中，解释变量还包括基于格兰杰因果检验得出的其他碳市场收益率。在构建模型时，本书重新基于 LR、FPE、AIC、SC 与 HQ 准则确定各变量滞后阶数[①]。北京、天津、上海、湖北、广东与深圳碳市场收益率模型最终选

[①] 第一次采用各准则确定 VAR 模型的滞后阶数是为了做格兰杰因果检验，在得出该检验结果之后，基于此重新做各变量的 VAR 模型，并采用各类准则确定该模型的滞后阶数，以更加明确碳市场收益率的溢出效应。

取滞后阶数分别为：滞后 8 阶、滞后 2 阶、滞后 8 阶、滞后 10 阶、滞后 2 阶、滞后 5 阶。最终可知，各碳市场收益率均受到自身收益率滞后期的影响。北京、上海、湖北与深圳碳市场收益率分别构建了 AR（8）、AR（8）、AR（10）与 AR（5）的自回归模型，其中，北京与深圳碳市场滞后期收益率对当期（t 期）自身碳市场收益率的影响均为负；上海碳市场收益率滞后 7 期对当期收益率的影响为正，其余滞后阶数收益率对当期收益率的影响为负；湖北碳市场收益率滞后 2 期对当期收益率的影响为正，其余滞后阶数收益率对当期收益率的影响为负。

在天津与广东碳市场收益率为被解释变量的 VAR 模型中，湖北碳市场滞后 1 期和 2 期收益率对天津碳市场当期收益率的影响为正，但小于其自身滞后 1 期的收益率影响；在广东碳市场收益率的 VAR 模型中，天津和湖北碳市场滞后 1 期的收益率对广东碳市场当期收益率的影响均为正，而滞后 2 期收益率对其当期收益率的影响均为负，且滞后 2 期收益率影响程度较滞后 1 期收益率影响程度更大。总体来说，天津碳市场收益率受到自身滞后期收益率的影响更大，湖北碳市场滞后期收益率对其影响相对较小；而广东碳市场收益率则受到天津和湖北碳市场滞后期收益率的影响更大，受自身影响较少。这表明，除广东碳市场外，其他 5 个试点碳市场收益率自身的前期影响占据主导地位；而在广东碳市场中，自身不能享有完全定价主导权，容易受到天津和湖北碳市场价格的冲击。

由图 5-5 可知，北京、上海与深圳碳市场在收益率溢出效应网络之外，表明这 3 个碳市场不存在收益率溢出效应与受益效应；而天津、湖北与广东碳市场则在收益率溢出效应网络的内部。对比来看，位于溢出效应网络外部的 3 个地区均是第三产业较为发达，单体排放规模不大，且覆盖行业纳入了建筑、交通与服务业等非工业行业，因此差异相对较大，不存在收益率一阶距的溢出效应；而在溢出效应网络内部的 3 个地区中，天津和湖北是工业主导型经济，广东的第二产业与第三产业占比类似，这 3 个地区的产业结构偏重，大型重化工业排放源较多，更容易受到能源消耗量与经济发展水平溢出效应渠道的影响，使其存在收益率一阶距的溢出效应。在 3 个碳市场构成的网络中，湖北碳市场仅存在溢出效应,广东碳市场仅存在受益效应,而天津碳市场既存在溢出效应又存在受益效应,但3个碳市场之间没有双向溢出效应。

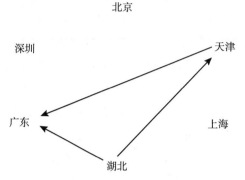

图 5 – 5　均值方程下的碳市场溢出效应网络

在基于各试点碳市场收益率构建 VAR 模型之后,采用 LM 检验确定模型残差项不存在序列相关,并进一步明确残差项存在 ARCH 效应,同时对其进行正太分布检验,拒绝原假设。因此,本书基于金融资产的非对称性特征,选取六元 VAR 模型为均值方程,构建非对称 t 分布的 GARCH – BEKK 模型。

(三) 波动溢出效应

非对称 t 分布的六元 VAR – GARCH (1,1) – BEKK 模型中的波动溢出效应结果如表 5 – 6 所示,纵向表示存在溢出效应的碳市场,即箭头发出的市场;横向表示存在受益效应的碳市场,即箭头指向的市场。表 5 – 6 中,A 表示 ARCH 效应下各试点碳市场间的波动溢出效应;B 表示 GARCH 效应下各试点碳市场间的波动溢出效应;D 表示非对称性,表现为当某一市场存在负向冲击时,其波动对自身和其他市场存在非对称影响,从而导致对该市场的负向冲击会引起另一市场的波动加大。由表 5 – 6 可知,各试点碳市场均在 ARCH 与 GARCH 效应结果中受到自身以往波动的影响,且受到自身波动影响的程度要大于其他碳市场的波动溢出效应。

表 5 - 6　　　　　　　　　GARCH（1，1）- BEKK 模型结果

市场		北京	天津	上海	湖北	广东	深圳
A	北京	0. 804 *** (31. 56)	0. 000 (0. 00)	- 0. 062 *** (- 2. 45)	- 0. 009 (- 0. 42)	- 0. 117 *** (- 2. 82)	0. 037 (0. 48)
	天津	- 0. 046 ** (- 1. 84)	1. 529 *** (51. 34)	- 0. 002 (- 0. 07)	0. 010 (0. 67)	0. 126 *** (6. 02)	0. 182 *** (3. 11)
	上海	- 0. 013 (- 0. 85)	0. 000 (0. 00)	0. 687 *** (38. 45)	0. 000 (0. 01)	- 0. 011 (- 0. 30)	- 0. 025 (- 0. 54)
	湖北	0. 240 *** (3. 06)	0. 000 (0. 00)	- 0. 032 (- 0. 45)	0. 702 *** (27. 64)	- 0. 036 (- 0. 36)	- 0. 013 (- 0. 09)
	广东	0. 098 * (1. 91)	0. 000 (0. 00)	- 0. 023 (- 0. 59)	- 0. 093 *** (- 4. 08)	0. 200 *** (5. 26)	- 0. 244 *** (- 3. 50)
	深圳	- 0. 049 (- 1. 20)	0. 000 (0. 00)	0. 018 (0. 62)	- 0. 018 (- 0. 76)	0. 143 *** (3. 19)	0. 971 *** (19. 90)
B	北京	0. 732 *** (37. 73)	0. 000 (0. 00)	- 0. 012 (- 0. 44)	- 0. 004 (- 0. 19)	0. 026 (0. 61)	- 0. 002 (- 0. 04)
	天津	0. 031 (1. 69)	0. 518 *** (69. 63)	- 0. 001 (- 0. 03)	0. 004 (0. 26)	0. 026 (0. 78)	- 0. 058 (- 1. 19)
	上海	0. 052 (1. 27)	0. 000 (0. 00)	0. 776 *** (33. 11)	0. 006 (0. 30)	- 0. 007 (- 0. 14)	- 0. 011 (- 0. 19)
	湖北	- 0. 032 (- 0. 55)	0. 000 (0. 00)	0. 004 (0. 09)	0. 834 *** (47. 95)	- 0. 057 (- 0. 83)	0. 013 (0. 17)
	广东	0. 011 (0. 45)	0. 000 (0. 00)	0. 010 (0. 57)	- 0. 026 ** (- 2. 24)	0. 828 *** (51. 69)	0. 067 ** (2. 16)
	深圳	0. 023 (1. 10)	0. 000 (0. 00)	- 0. 009 (- 0. 64)	- 0. 011 (- 1. 13)	- 0. 076 *** (- 3. 92)	0. 783 *** (47. 73)
D	北京	1. 054 *** (19. 83)	0. 000 (0. 00)	0. 062 (1. 41)	- 0. 017 (- 0. 32)	- 0. 073 (- 0. 91)	0. 005 (0. 04)
	天津	0. 061 (0. 56)	- 2. 663 *** (- 15. 97)	0. 033 (0. 36)	0. 015 (0. 19)	0. 206 (1. 61)	- 0. 197 (- 1. 03)
	上海	- 0. 214 *** (- 3. 50)	0. 000 (0. 00)	1. 120 *** (25. 28)	- 0. 008 (- 0. 14)	- 0. 017 (- 0. 18)	- 0. 047 (- 0. 36)

市场		北京	天津	上海	湖北	广东	深圳
D	湖北	-0.303 * (-1.72)	0.000 (-0.01)	-0.030 (-0.17)	0.549 *** (8.49)	0.087 (0.35)	-0.070 (-0.21)
	广东	-0.110 (-1.00)	0.000 (0.00)	-0.036 (-0.43)	-0.015 (-0.24)	0.809 *** (10.43)	0.030 (0.17)
	深圳	-0.163 * (-1.88)	0.000 (0.00)	0.012 (0.15)	-0.001 (-0.01)	-0.086 (-0.76)	1.660 *** (13.08)

注：*** 表示通过1%的置信水平，** 表示通过5%的置信水平，* 表示通过10%的置信水平。

下面结合波动溢出效应结果与社会网络法进行具体分析，ARCH 效应和 GARCH 效应下的波动溢出网络结果分别如图 5 - 6 和图 5 - 7 所示。在图 5 - 6、图 5 - 7 中，存在溢出网络线说明碳交易市场上一期的 ARCH 冲击 $\varepsilon_{i,t-1}$（上一期的 GARCH 冲击 $h_{i,t-1}$）对另一市场当期条件方差 $h_{i,t}$ 存在影响。以北京和上海碳市场为例，在 ARCH 效应下，存在北京对上海碳市场的波动溢出效应，这表明北京碳市场 t - 1 期的冲击 $\varepsilon_{bj,t-1}$ 对上海碳市场 t 期条件方差 $h_{sh,t}$ 造成了影响，由于溢出效应线为单向，因此表明上海碳市场对北京碳市场不存在 ARCH 冲击；而在 GARCH 效应下，两者之间没有溢出效应线，这表明不存在某一碳市场 t - 1 期条件方差对另一碳市场 t 期条件方差的影响。

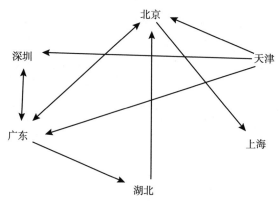

图 5 - 6　ARCH 效应构成的碳市场溢出效应网络

图 5 – 7　GARCH 效应构成的碳市场溢出效应网络

　　为了验证得出的波动溢出效应结果，本书采用 Wald 检验进行分析，其服从 χ^2 分布，自由度 k 为受限个数。由于检验数量较多，因此仅以湖北、广东与深圳碳市场的波动溢出效应检验结果为例，如表 5 – 7 所示。随后对 GARCH – BEKK 模型的残差进行 ARCH 效应检验，结果接受原假设，不存在 ARCH 效应。

表 5 – 7　　　　　　湖北、广东与深圳碳市场间波动溢出效应检验

假设	湖北—广东	湖北—深圳	广东—深圳
Chi – Squared	0.850	0.031	16.651 ***
假设	广东—湖北	深圳—湖北	深圳—广东
Chi – Squared	22.159 ***	1.973	24.491 ***
假设	两市场	两市场	两市场
Chi – Squared	24.976 ***	2.072	39.888 ***

　　注："地区1—地区2"表示地区1对地区2不存在波动溢出效应，如"湖北—广东"表示湖北对广东不存在波动溢出效应；"两市场"表示两个市场间不存在相互的波动溢出效应。*** 表示在 1% 的水平上显著。

　　检验结果表明，广东碳市场对湖北碳市场存在单向波动溢出效应，湖北碳市场与深圳碳市场间不存在波动溢出效应，广东碳市场与深圳碳市场间存在双向波动溢出效应，与表 5 – 6 的结果一致。由于各试点碳市场之间的波动溢出效应并非完全对称（如北京与广东碳市场存在双向

波动溢出效应，而北京与天津仅存在单项的波动溢出效应），因此各市场之间的影响程度不同，其造成的碳定价权也就各不相同。

基于图5-6中ARCH效应构成的碳市场溢出效应网络和图5-7中GARCH效应构成的碳市场溢出效应网络构建碳市场间的波动溢出效应网络（见图5-8）。由于GARCH效应构成的碳市场溢出效应线较少，且包含在ARCH效应图中，因此图5-8波动溢出效应网络与图5-6相同，图中箭头指向表明价格信号的传递过程。当某一碳交易市场存在价格波动时，一方面可能是受该市场前期价格波动影响，或由相应的政策、供求造成，另一方面也可能是受该市场"上游"的碳市场对其产生的溢出效应所影响，当"上游"碳市场因政策、供求等原因出现价格波动时，价格信号的传递作用会导致该碳市场价格出现波动。因此，当某一碳市场出现价格大幅度波动时，应明确其波动源头，进而确定价格波动的原因。

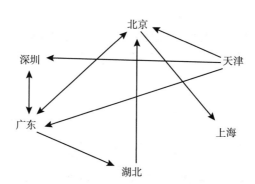

图5-8　碳市场间的波动溢出效应网络

根据式（5-10）求得碳市场间波动溢出效应构成的关联网络密度，6个试点碳市场之间最大可能的波动溢出效应线数量为30条，在图5-8中，实际存在的波动溢出效应线数量为10条，网络密度值为0.333。基于式（5-11）与式（5-12）测算碳市场间的波动溢出效应网络关联度和网络等级度，可得网络关联度为0.533，相较网络密度数值，可表明在不考虑溢出效应方向时，各市场的关联程度更高；网络等级度为 0.867，表明碳市场的双向溢出效应较小，存在"等级森严"的现象。

基于式（5-13）相对度数中心度指标测算各试点碳市场的度数中心度，结果如表 5-8 所示。在均值溢出效应角度，由于北京、上海与深圳碳市场处于均值溢出效应网络外部，因此溢出效应中心度和逆向溢出效应中心度均为 0；在另外 3 个碳市场中，天津的溢出效应中心度与逆向溢出效应中心度值相等，均为 0.20；在湖北与广东碳市场中，由于两个市场均仅存在单向的溢出效应和受益效应，因此湖北碳市场的溢出效应中心度和逆向溢出效应中心度分别为 0.40 和 0；而广东碳市场则分别为 0 和 0.40。在波动溢出效应角度，溢出效应网络较均值溢出效应网络更为复杂，其中，天津与上海碳市场仅存在单项的溢出效应或逆向溢出效应，因此天津碳市场的溢出效应中心度和逆向溢出效应中心度分别为 0.60 和 0，上海碳市场的溢出效应中心度和逆向溢出效应中心度分别为 0 和 0.20。在其他 4 个碳市场中，北京与深圳碳市场的溢出效应和逆向溢出效应中心度存在不对称性，两者的溢出效应中心度均小于逆向溢出效应中心度，这表明其碳定价受到其他市场的影响很可能更大；湖北与广东碳市场的溢出效应中心度与逆向溢出效应中心度数值相等，分别为 0.20 和 0.60，较广东碳市场而言，湖北碳市场更具自主性，受到的溢出效应较小，且对其他碳市场的影响也较小。

表 5-8　　　　碳市场度数中心度

地区	均值溢出效应		波动溢出效应		综合效应	
	溢出	逆向溢出	溢出	逆向溢出	溢出	逆向溢出
北京	0	0	0.20	0.60	0.40	0.60
天津	0.20	0.20	0.60	0	0.60	0.20
上海	0	0	0	0.20	0	0.20
湖北	0.40	0	0.20	0.20	0.60	0.20
广东	0	0.40	0.60	0.20	0.60	0.80
深圳	0	0	0.20	0.40	0.20	0.40

注："溢出"与"逆向溢出"分别表示溢出效应中心度与逆向溢出效应中心度。

将收益率溢出效应和波动溢出效应绘制在同一个网络图中，求其度数中心度，结果如表5-8最右侧的综合效应所示。综合来看，由于不存在对外溢出效应，仅上海碳市场溢出效应中心度为0，且因仅存在北京—上海1条的溢出效应线，上海的逆向溢出效应为0.20。在其他碳市场中，广东碳市场的溢出效应和逆向溢出效应中心度最高，分别为0.60和0.80，这是由于该碳市场存在3条溢出效应线和4条受益效应线，仅上海碳市场对广东碳市场没有溢出效应。在溢出效应中心度角度，天津与湖北碳市场与广东碳市场的数值相同，也存在3条溢出效应线，而北京与深圳碳市场溢出效应中心度数值则分别为0.40和0.20，数值相对较低；在逆向溢出效应角度，除广东数值最高外，北京、天津、湖北与深圳的数值分别为0.60、0.20、0.20、0.40。由此可见，6个试点碳市场虽然独立运行，且在政策法规和制度设计上存在差异，但溢出效应的存在使得碳市场之间存在整合的基础。因此，在2017年12月全国碳交易市场启动时，国家发改委确定湖北和上海分别牵头承建全国碳排放权注册登记系统和交易系统，北京、天津、重庆、广东、江苏、福建和深圳市共同参与系统建设和运营，这也体现出了碳市场一体化的构建路径。

因此，对投资者来说，当投资于某一碳市场产品时，须综合考虑各碳市场的表现，特别是投资碳市场的"上游"市场，应观察其收益率与波动率的变动，根据其历史信息预测投资碳市场的价格波动情况。对于政府而言，在制定相应的规章制度时，一方面，要考虑自身地区的经济发展水平和能源结构问题，以及其他地区的减排政策、碳市场运行情况，特别是处于"下游"的碳市场容易受到其他市场的影响，所以可能存在较大的逆向溢出效应，而使得自身没有"定价权"，因此，考虑其他市场的影响是保障自身碳市场稳定高效运行的前提。另一方面，对于全国统一碳市场的构建而言，由于各试点碳市场存在连接的基础，因此需要合理运用市场间存在的均值溢出效应和波动溢出效应，从而完善全国碳市场的建设，进而实现碳减排指标，以促进我国低碳经济的发展。

第四节　本章小结

本章基于溢出效应的定义与原因，阐述了碳市场溢出效应的具体渠道。同时，对中国 3 个履约期内试点碳市场的价格走势进行分析，基于六元非对称 t 分布的 VAR - GARCH - BEKK 模型测度碳市场间的收益率与波动率溢出效应，采用社会网络分析法构建其溢出效应网络，测算网络密度、关联度与度数中心度等指标。

第一，明确市场的溢出效应则指某个市场的运行过程不仅受到自身条件的制约，还受到其他市场的影响，这是由市场分割、市场有效性假说、经验法则与传染效应造成的。其中，碳市场的分割主要体现在试点碳市场的地域分割，以及制度要求下碳市场间的差异；市场有效性假说主要是由于碳市场易受到政策与各类信息的影响；经验法则是由于控排企业和投资者会基于自身的经验判断，最终形成决策，从而可能造成市场的溢出效应；而传染效应是指风险或危机由于预期等原因会在其他市场中扩散。随后，本书将以上原因具体分为两个溢出效应渠道，一类为各市场之间存在一系列属性相似的基本因素，从而导致市场呈现相似的变动特征；另一类为预期因素所致，主要体现为控排企业与投资者预期变动而导致的风险传染效应和流动性困境现象。

第二，对 2014 年 7 月 1 日~2017 年 6 月 30 日 3 个履约期的碳市场价格进行特征分析，试点碳市场的年均收盘价分别为 35.42 元/吨、26.02 元/吨与 25.18 元/吨，价格随着年份逐渐降低；具体到各试点碳市场，其配额价格存在明显的区域差异，北京与深圳碳市场配额价格最高，而天津与广东碳市场配额价格最低。从不同履约来看，北京与上海碳市场的配额价格呈现先下降后上升的波动态势，其他 4 个试点碳市场碳配额价格均呈现随年份的推移而下降的趋势。

第三，基于 VAR 模型和社会网络分析法构建收益率溢出效应网络，结果表明北京、上海与深圳碳市场位于溢出效应网络的外部，而天津、湖北与广东碳市场则位于收益率溢出效应网络内部。位于溢出效应网络外部的 3 个地区均是第三产业较为发达，单体排放规模不大，且覆盖行业纳入了建筑、交通与服务业等非工业行业，因此差异相对较大，不存在收益率一阶距的溢出效应；而在溢出效应网络内部的 3 个地区产业结构偏重，大型重化工业排放源较多，更容易受到能源消耗量溢出效应与经济发展水平溢出效应渠道的影响。

第四，基于六元非对称 t 分布的 GARCH – BEKK 模型测度碳市场间波动溢出效应，并采用社会网络分析法其网络密度、关联度与度数中心度等指标。结果表明试点碳市场间存在显著的波动溢出效应，网络密度值为 0.333，网络关联度为 0.533，相较网络密度数值，本书发现在不考虑溢出效应方向时，各市场的关联程度更高；网络等级度为 0.867，表明碳市场的双向溢出效应较小，存在"等级森严"的现象。总体来说，其满足碳交易市场整合要求与价格调控目标，同时，在投资者进行投资、政府制定法律政策与全国碳市场构建时，应考虑这一结果。

第六章

碳价管理存在的问题

碳市场发挥减排作用的核心机制在于通过合理的供求关系，形成有效的碳价格信号，以此引导企业以成本效率的方式做出碳减排决策。因此，市场具有较大的交易规模和较高的流动性是形成有效价格的关键条件（齐晔和张希良，2016）。然而，中国碳市场仍面临着成交量清淡的局面，使得市场配额交易价格较低，无法充分体现价格发现功能，从而造成碳市场运行的低效率和碳排放要素价格扭曲现象。因此，本章将论述有效价格形成的机理和必要性，明确碳价运行中出现的问题，并采用面板 VAR 模型探究如何解决碳市场面临的流动性困境问题，并进一步提出价格管理的相应措施。

第一节　碳价管理机制与存在的问题

一、碳价管理措施

为了弥补市场设计的缺陷和不足，各碳市场会引入相应的价格管理机制，以解决碳市场运行过程中出现的问题与困境，促使碳市场形成有效碳价。由于价格管理并非一开始就作为碳市场设计的要素引入，而是随着价格机制的失灵现象而不断出现的内容，因此价格管理机制也正处在不断发展与完善中。当前的价格管理主要包括惩罚价格、安全阀机制、碳价上下限、动态分配、跨期存储与借贷机制、抵消机制等方法。

（一）惩罚价格

惩罚价格是指控排企业无法完成履约而受到的处罚，该价格对碳定价具有参考作用。碳交易的惩罚价格作为碳价格的最高上限，当其位于一个合理的范围内时，会促使控排企业减排，且不会对企业的减排成本造成过高的压力。例如，欧盟碳交易体系第一阶段罚金为 40 欧元/吨，第二阶段和第三阶段为 100 欧元/吨（齐晔等，2016）。对于中国碳交易体系来说，部分碳市场目前没有固定的惩罚价格，而是设定与市场价格相关联。例如，深圳与重庆碳市场规定未按期履约的企业罚金为市场价格的 3 倍，湖北与北京碳市场则分别规定依照碳市场价格的 1 ~ 3 倍和3 ~ 5 倍作为罚金，仅上海与广东碳市场提出具体的罚款金额。另外，各试点碳市场均对未按规定报送排放报告或核查报告、虚假核查与扰乱交易秩序等行为提出了相应的处罚措施，具体如表 6 - 1 所示。

表 6 - 1　　　　　中国试点碳市场未履约处罚与其他处罚措施

试点	未履约处罚	其他处罚
北京	按市场均价 3 ~ 5 倍罚款	未按规定报送排放报告或核查报告可处 5 万元以下罚款
天津	限期改正，3 年不享受优惠政策；差额部分在下一年分配的配额中予以双倍扣除	违规限期改正
上海	5 万 ~ 10 万元人民币	记入信用记录，取消专项资金支持
重庆	清缴期满前一月配额均价 3 倍	未报告核查 2 万 ~ 5 万元罚款，虚假核查 3 万 ~ 5 万元罚款
湖北	市场均价 1 ~ 3 倍（<15 万元）罚款，下一年双倍扣除	未监测和报告罚款 1 万 ~ 3 万元，扰乱交易秩序罚 15 万元

续表

试点	未履约处罚	其他处罚
广东	下一年扣除未清缴 2 倍配额，罚款 5 万元	不报告 1 万~3 万元，不核查 1 万~3 万元，最高 5 万元
深圳	下一年扣除未缴部分，市场均价 3 倍罚款	违规 5 万~10 万元罚款

资料来源：《北京碳市场年度报告 2014》。

（二）安全阀机制

美国区域温室气体行动计划（Regional Greenhouse Gas Initiative，RGGI）首创安全阀机制，通过调整项目减排的使用额度来间接调整供给，避免出现价格波动幅度过大的现象（陈波，2013）。RGGI 设置了两个安全阀值，第一个是解决由于初始配额发放较少而导致碳价过高的问题，即设定每个履约期前的 14 个月内，如果碳价滚动平均值连续 12 个月高于安全阀值，则延长履约期长度；第二个安全阀值是为了缓解供求失衡导致的市场风险，当连续两次出现第一个安全阀值机制生效时，允许项目减排量的来源从美国本土扩展到北美以及其他国家，并将使用比例提高到 5%，在极端情况下甚至达到 20%。总体来说，该机制能够保证项目减排量使用比例按照价格波动而变动，从而解决碳价波动可能造成的风险。

（三）碳价上下限机制

碳价上下限机制，也就是价格最低限价和最高限价机制，将价格固定在一定区间内，属于一种直接的价格管理机制，能够严格控制碳价变动范围。碳交易价格决定与其他市场相同，也是基于供求力量变化而围绕均衡价格上下变动。与其他金融市场不同的是，碳市场中的减排指标由政府事先确定，从而可以认为短期内碳配额供给是固定的，因此碳排放的需求决定了碳配额价格，如图 6－1 所示。当实际减排成本（MAC）在可接受的范围内时，碳配额价格为P。如果由于经济衰退导致投资和消费减少，则实际减排成本由MAC下降为MAC'时，会推动碳市场价格下降为P'，此时最低限价机制启动，碳价格水平为P_f。相较于原来下降到的碳价P'，减排成本增加而碳排放量减少，相当于对控排企业征收了一定水平的碳税。对应的最高限价机制是指在原有市场机制的基础上引入一个最高碳限价P_c，当实际减排成本MAC上升为MAC″时，会导致碳市场价格上升为P″，此时最高限价机制启动，碳价格水平为P_c。相较于原来上升到的碳价P″，减排成本减少而碳排放量增加。总体来说，碳价上下限的设定从一定程度上降低了由市场可能造成的碳价过高导致的"虚假繁荣"和碳价过低导致的"形同虚设"，降低了价格波动的区间；但是，其也在一定程度上破坏了市场正常的定价机制，当供给过剩或过少时，碳价格可能会长时间停留在上限或下限，导致碳市场失去碳定价的功能。

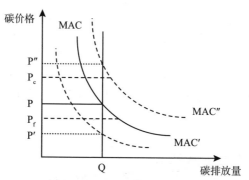

图6-1 碳市场最低限价和最高限价机制

中国各试点碳市场规定碳配额价格涨跌幅在10%~30%，但各试点碳市场的涨跌幅限制均触发的情况较少，且未严格执行。具体如表6-2所示。

表6－2　　　　　　　　　　中国试点碳市场涨跌幅限制规定

试点	涨跌幅限制	效果	维持举措
北京	公开交易20%		
天津	10%		
上海	30%		
重庆	20%	未严格执行	限价交易
湖北	10%		
广东	10%（挂牌竞价和挂牌点选）		
深圳	10%（大宗商品为30%）		

（四）动态分配

动态分配是政府通过调整碳市场上的配额供给量，修正配额供给曲线，直接影响碳市场价格的方法。配额的动态分配方法主要包括两种方式：一是直接新增或回收配额；二是不改变配额分配总量，而是调整配额供给曲线的斜率。其中，在第一类方式中，还包括两种实施方法：一是对当期配额的调整；二是对下期配额的调整。对当期配额的调整是指在某一期发放配额后到下一期发放配额之间，若碳价出现暴涨或暴跌，对已经发放的配额通过市场手段或行政手段进行调节，以改变市场价格；对下期配额的调整是指通过改变未来配额的发放量或未来减排目标，来调控当期市场价格。在改变配额供给曲线斜率的第二类方式中，可以将近期的配额延后发放或将未来发放的配额提前发放，平缓供给曲线，使之与经济周期平衡。例如，中国试点碳市场的配额总量主要由初始分配配额、新增预留配额和政府预留配额三部分构成。

（五）跨期存储和借贷机制

碳配额的跨期存储和借贷机制是基于时间维度调整配额的供求不平

衡，进而实现抑制配额价格大幅度波动的目的。由于碳市场的运行是分阶段进行的，因此控排企业在每一个履约期的期末都要进行履约，以保证实际碳排放量不超过其配额持有量。跨期存储机制是指允许控排企业将未使用的配额留到下一期使用，借贷机制指允许控排企业透支未来的配额来弥补当期自身的配额缺口。在跨期存储和借贷机制的存在下，控排企业有了更大的交易灵活性，使其能够根据市场运行情况判断最佳时间点来进行交易，以降低自身的减排成本。但如果企业存在非理性决策，无限制的跨期存储与借贷机制的存在可能会使得当期碳配额供给增加，导致减排更加困难。在 EU ETS 的第一阶段与第二阶段过渡时不允许跨期存储的规定，是导致第一阶段碳配额价格暴跌的原因之一；随后的第二阶段与第三阶段，EU ETS 均允许阶段间的存储，不允许借贷。中国试点碳市场与 EU ETS 后两个阶段规定相似，仅允许存储，而不允许借贷。

(六) 抵消机制

抵消机制是指碳交易体系允许使用来源于联合履约机制、清洁发展机制、自愿减排市场等减排项目的核证减排量抵消总量控制下的减排任务。一般的信用额度抵充会设置一个配额比例上限，通过控制该比例能够调控碳市场价格。当控排企业减排成本较高而导致碳价上涨时，可以通过提高抵消配额比例来增加配额供给，从而抑制碳价的上涨；同理，降低配额抵消比例能够防止碳配额价格的暴跌。

中国试点碳市场均采用了 CCER 的抵消机制 (见表 6 - 3)，其内容主要包括抵消 CCER 的比例和本地化的要求，各碳市场对于抵消机制的规定有较大的差异。例如，北京和上海碳市场对于 CCER 的抵消比例要求最为严格，仅为 5%，重庆碳市场为不超过审定排放量的 8%，天津、湖北、广东与深圳规定均为不超过年度配额或排放量的 10%；在本地化要求方面，湖北碳市场最为严格，要求必须使用当地的 CCER，北京、广东与深圳要求本地 CCER 比例或需要经过当地审查通过。

表6-3 中国试点碳市场抵消机制

地区	比例限制	地域限制	类型限制
北京	不高于年度配额的5%；京外项目不超过2.5%	本地50%以上；优先河北、天津等与本市签署的合作协议地区CCER	2013年1月1日后产生；限制水电和工业气体项目；非工业气体项目及水电项目；本市EMC、节能技改、碳汇造林和森林经营碳汇等项目
天津	不超出当年碳排放的10%	未限定	2013年1月1日后产生；仅来自CO_2气体项目，不包括水电项目减排量
上海	不超过年度配额量的5%	未限定	2013年1月1日后产生
重庆	不超过审定排放量的8%	鼓励使用来本地的CCER	节能和能效、清洁能源和非水可再生能源、碳汇、能源活动、工业生产过程、农业、废物处理等减排项目；2010年12月31日后投入允许的CCER项目
湖北	不超过年度配额的10%	本地	非大、中型水电类项目产生；鼓励优先使用农林类项目产生的减排量用于抵消
广东	不超过上年度排放的10%	本地70%以上	允许森林碳汇；水电、化石燃料发电/供热等减排量不可使用；Pre-CDM项目不可使用
深圳	不高于年度排放量的10%	除林业碳汇和农业减排项目，其他需来自本地或签署战略合作协议地区	可再生能源和新能源项目；清洁交通减排项目；海洋固碳减排项目；林业碳汇项目；农业减排项目

二、碳市场构建与运行中存在的问题

(一) 碳市场构建中存在的问题

碳交易市场的构建目的是借助市场交易实现减排成本的最小化，即碳排放资源配置的帕累托最优。因此，各试点碳市场均制定了相应的规章制度以保障市场的运行；但由于碳市场是一个新兴市场，其在初步构建中便存在着较多的问题。

1. 法律政策不完善

完备的法律规范体系和有力的法治保障体系是碳市场高效运行的保

障。国外碳交易体系构建时，均建立了相对完善的法律体系以保证碳市场的顺利运行。例如，EU EUS①和加州碳市场②均在法律层面明确了碳市场的地位，然而在中国试点碳市场中仅深圳和北京采取了地方人大立法形式，其他试点地区均通过政府令形式发布管理办法，对控排企业的约束力较弱。

2. 基础数据缺乏和企业意识淡薄

由于控排企业产能等相关数据的缺失，以及部分控排企业对于减排的排斥和不配合，因此政府不能够掌握控排企业的真实碳排放量数据，从而导致了各地区碳排放数据不完备的现象，使得政府在发放配额时，不能够从整体上掌控配额发放总量，容易造成配额的多发或少发，就会引发碳价偏低或偏高，不能够有效激励或约束控排企业的减排情况。加之控排企业对碳交易的意识淡薄，没有意识到碳资产的价值，对碳交易不够重视，因此也就不会积极地进行碳资产的投融资活动。

3. 碳交易信息透明度和质量较差

碳交易市场作为减排的市场机制，与其他金融市场相同，信息的公开与透明才能保证控排企业的有效交易，并吸引机构与个人投资者的参与，进而形成有效价格。但现阶段试点碳市场中碳交易的信息透明度较差，相关数据的收集、整理和披露仍有待完善。这就会导致碳配额的交易者不能够及时了解市场的交易情况，对价格走势做出判断，以调整自己的交易行为。另外，在披露的信息中，信息的质量决定了碳价的真实性。控排企业和投资者会根据市场披露的信息并结合自身的经验、减排成本以及利润预期等因素，对碳价走势进行判断和分析来进行交易，由此形成的价格反映了控排企业和投资者的预测，能够较为真实地反映供求变动趋势。

（二）碳市场运行过程中面临的问题

在碳市场运行过程中，价格是反映其供求关系和变动趋势的信号，

---

① 欧盟2003年第87号指令（Directive2003/87/EC）。
② 《全球变暖解决方案法案》（AB32法案）。

因此只有连续不断的交易才能够反映出市场实际运行情况。然而，基于政府强制政策与市场机制等价格管理措施，中国碳市场仍面临着履约驱动与推迟、流动性困境等问题，这些现象的出现影响了碳市场的效率和有效性，使之无法形成有效碳价格，进而发挥价格发现功能和定价功能。

1. 履约驱动与履约推迟

从碳市场交易量来看，各试点碳市场每一履约期的配额成交量分布在履约期的 5~7 月份，说明碳市场存在较强的履约驱动特征。具体来看，湖北碳市场由于"未经交易的配额过期注销"的制度，使其交易相对持续，而其他碳市场履约驱动特征较强，在履约期截止前一个月形成了履约窗口期。各碳市场①具体履约期②成交量与窗口期成交量如表 6 - 4 所示。

---

① 由于重庆碳市场在 2014 年与 2015 年履约期仅存在 28 次交易，而福建碳市场在 2017 年 3 月 16 日才正式开市交易，因此本书不再考虑这两个碳市场。

② 各试点碳市场具体履约时间不同，因此本部分选取了各年度履约期下各碳市场不同的整体履约期时间和履约窗口期时间。对于 2014 年度履约期来说，上海与深圳碳市场该年度履约期为 2014 年 7 月 1 日 ~2015 年 6 月 30 日，履约窗口期为 2015 年 6 月 1 日 ~2015 年 6 月 30 日；北京碳市场履约期为 2014 年 7 月 16 日 ~2015 年 6 月 30 日，履约窗口期为 2015 年 6 月 1 日 ~2015 年 6 月 30 日；天津碳市场履约期为 2014 年 7 月 26 日 ~2015 年 7 月 10 日，履约窗口期为 2015 年 6 月 1 日 ~2015 年 7 月 10 日；湖北碳市场履约期为 2014 年 7 月 1 日 ~2015 年 7 月 10 日，履约窗口期为 2015 年 6 月 1 日 ~2015 年 7 月 10 日；广东碳市场履约期为 2014 年 7 月 16 日 ~2015 年 6 月 23 日，履约窗口期为 2015 年 6 月 1 日 ~2015 年 6 月 23 日。对于 2015 年度履约期来说，北京、上海与深圳该年度履约期为 2015 年 7 月 1 日 ~2016 年 6 月 30 日，履约窗口期为 2016 年 6 月 1 日 ~2016 年 6 月 30 日；天津碳市场履约期为 2015 年 7 月 11 日 ~2016 年 6 月 30 日，履约窗口期为 2016 年 6 月 1 日 ~2016 年 6 月 30 日；湖北碳市场履约期为 2015 年 7 月 11 日 ~2016 年 7 月 25 日，履约窗口期为 2016 年 6 月 1 日 ~2016 年 7 月 25 日；广东碳市场履约期为 2015 年 6 月 24 日 ~2016 年 6 月 20 日，履约窗口期为 2016 年 6 月 1 日 ~2016 年 6 月 20 日。对于 2016 年度履约期来说，北京碳市场履约期为 2016 年 7 月 1 日 ~2017 年 7 月 15 日，履约窗口期为 2017 年 6 月 1 日 ~2017 年 7 月 15 日；天津碳市场履约期为 2016 年 7 月 1 日 ~2017 年 6 月 30 日，履约窗口期为 2017 年 6 月 1 日 ~2017 年 6 月 30 日；上海碳市场履约期为 2016 年 7 月 1 日 ~2017 年 7 月 11 日，履约窗口期为 2017 年 6 月 1 日 ~2017 年 7 月 11 日；湖北碳市场履约期为 2016 年 7 月 26 日 ~2017 年 7 月 31 日，履约窗口期为 2017 年 6 月 1 日 ~2017 年 7 月 31 日；广东碳市场履约期为 2016 年 6 月 21 日 ~2017 年 6 月 20 日，履约窗口期为 2017 年 6 月 1 日 ~2017 年 6 月 20 日；深圳碳市场履约期为 2016 年 7 月 1 日 ~2017 年 7 月 15 日，履约窗口期为 2017 年 6 月 1 日 ~2017 年 7 月 15 日。

表 6 - 4　　　　中国试点碳市场履约期和履约窗口期

价格与成交量（2014~2016 年）

地区	阶段（年）	履约期			履约窗口期		
		价格（元/吨）	标准差	成交量（吨）	价格（元/吨）	标准差	成交量（吨）
北京	2014	52.16	5.75	5744.12	42.97	2.87	28220.73
	2015	43.03	5.91	9512.39	51.08	3.45	55854.78
	2016	51.63	2.83	9439.33	49.73	3.02	32692.81
天津	2014	23.37	4.18	2227.88	14.72	2.47	16304.50
	2015	22.12	2.33	1370.15	18.37	4.26	13303.57
	2016	13.95	2.78	4760.62	12.89	1.77	49317.73
上海	2014	32.94	8.90	8108.75	18.38	2.78	20033.46
	2015	10.32	3.54	17055.98	7.20	1.58	110214.12
	2016	24.61	12.65	11577.88	35.45	1.17	50175.00
湖北	2014	24.91	1.20	39389.41	25.54	0.54	133682.30
	2015	21.58	3.83	62015.93	15.12	2.27	57241.28
	2016	16.39	1.72	57926.55	14.43	1.10	204257.80
广东	2014	29.52	11.19	8396.20	17.53	1.09	79477.38
	2015	15.42	1.56	42918.10	12.78	1.16	209723.47
	2016	13.29	2.45	65555.91	13.52	0.45	275689.00
深圳	2014	47.77	8.52	1874.23	45.51	3.50	2742.59
	2015	43.34	6.34	899.43	39.81	4.15	775.70
	2016	31.24	5.96	334.49	28.94	4.13	976.44

注：2014~2016 年各碳市场的价格、标准差及成交量数据基于碳价格和成交量的日度数据计算。

资料来源：http://www.tanjiaoyi.org.cn/k/index.html。

各市场履约日期不同，主要是由于部分碳市场推迟了最终履约日期。根据碳交易网①，在 2014 年履约期（约 2014 年 7 月~2015 年 6

————————

① http://www.tanjiaoyi.com/。

月），北京、上海与广东碳市场按时完成履约；深圳碳市场存在 2 家控排企业没有按时履约，履约率为 99.7%；天津碳市场履约工作由 2015 年 5 月 31 日推迟到 2015 年 7 月 10 日，最终履约率为 99.1%；湖北碳市场的履约工作由 2015 年的 5 月底推迟到 7 月份，且在履约期最后一天 7 月 10 日仍有 20 多家控排企业未履约，因此湖北碳市场责令其限期整改完成履约。在 2015 年履约期（约 2015 年 7 月~2016 年 6 月），天津、广东与上海碳市场按时完成履约，北京碳市场 2016 年 6 月 15 日为规定履约截止日期，但仍存在 84 个单位未履约，因此该市场提出各控排单位需在 10 个工作日内完成配额清算；深圳碳市场则为深圳翔峰容器有限公司 1 家企业未按时履约；湖北碳市场设定履约截止日期为 2016 年的 7 月 25 日。在 2016 年履约期（约 2016 年 7 月~2017 年 6 月），广东与天津碳市场按时完成履约，且履约率均为 100%；北京碳市场由正常履约时间的 2017 年 6 月 15 日最终推迟到 2017 年 7 月 5 日，主要是由于截至 6 月 15 日仍有北京市公安局东城分局等 22 家单位未按时足额清缴配额，因此责令其在 10 个工作日内完成履约；深圳碳市场截至 2017 年 7 月 4 日仍有 8 家管控单位未按时履约，履约率为 99%；上海碳市场规定履约截止日期为 2017 年 6 月 30 日，但由于上海贝尔股份有限公司 1 家控排企业未履约，对其签发责令限期履约通知，最终截至 2017 年 7 月 11 日上海碳市场履约率为 100%；湖北碳市场履约截止日期由 2017 年 5 月底推迟至 2017 年 7 月 31 日，并且到 2017 年 8 月 4 日才收缴企业履约后剩余未经交易的配额。推迟履约现象的出现，一方面是由于碳市场的履约驱动特征，部分控排企业会选择在履约期即将结束时才开始准备相关的履约工作，甚至在面临违约惩罚时才开始准备配额，因此会导致履约期推迟的现象；另一方面是由于各试点碳市场规定，控排企业的核查工作集中在 4~5 月份，而有资质的核查机构和核查人员有限，这会导致大量的核查工作无法在要求时间内完成，从而也会使履约期推迟。

2. 流动性困境

金融市场流动性既要体现资产的变现能力，又要体现资产的价值。在对股票等传统金融市场流动性测度的文献中，流动性指标一般包括市场宽度、市场深度、即时性与市场弹性，每个维度所关注的重点与计算方法均有所差异。其中，市场宽度指交易完成价格与市场中间价格的偏离程度，一般采用买卖价差来衡量该指标；市场深度指在不影响当前市场价格的前提下所能够交易的数量，也就是合理价格下的成交量，衡量的是市场价格的稳定程度，一般采用成交量、换手率的方法获得；即时性指交易双方成交的速度，代表投资者的交易能够迅速完成，采用的指标一般为交易等待时间和交易频率；市场弹性指交易完成后交易价格恢复到均衡水平的速度，在弹性足够大的市场中，流动性较高意味着市场可以回归有效价格。另外，部分文献中结合了不同维度来建立流动性指标，如结合价格和成交量构建的流动性比率、非流动性指标等。然而，由于4个流动性指标考察的角度不同，因此可能会呈现出相反的结果。例如，市场深度和市场宽度分别着重于市场的价差和订单数量，实际上当订单数量较大时，市场价差反而会越小。因此，流动性指标应该基于研究目的进行选择。碳金融市场与传统金融市场的差异在于，碳市场中的控排企业交易并非单纯为获取收益，而是以碳减排为主要目的，因此本节选取市场深度作为流动性指标。一方面，它能够从一定程度上体现控排企业减排量与投资者参与程度；另一方面，成交量体现了市场价格的稳定程度，是形成市场有效价格的必要条件。

如表6-4所示，2014、2015与2016年3个履约期中6个试点碳市场的碳价均值在10~55元/吨；其中，北京碳市场的价格均值最高，其次为深圳碳市场①。在2014年整体履约期内，各试点碳市场的配额价格标准差处于在3~11，其中，湖北碳市场由于采取了"未经交易的配额注销"政策，其交易频率相对较高，相比其他碳市场交易量为0的天数较少，因此碳配额价格波动最低，标准差基本维持在1~4。由于广东碳市场在2013年履约期结束后更改了配额拍卖比例，政策的非连贯性

---

① 由于深圳碳市场包括SZA-2013、SZA-2014、SZA-2015与SZA-2016等多个配额品牌，本书选取SZA-2013作为研究指标，由此会导致对深圳碳市场流动性的低估，但选取该指标一方面能够保证数据的一致性与可比性，另一方面也能保证"收益率—波动率—流动性"的连贯性。

改变了控排企业的预期，从而导致该市场在 2014 年履约期内碳价的波动最大；而广东碳市场在 2015 年履约期时，整体履约期的碳价格均值与标准差均有所下降，同时成交量有所上升，表明政策改变所引起的价格波动在 2015 年履约期时有所缓解。对比 2014 年履约期，2015 年整体履约期中各试点碳市场价格均有所下降，这主要是由于经过一个整体履约期后，各碳市场运行趋于平稳。在 2016 年履约期中，各试点碳市场价格与 2015 年履约期变动不大，北京与上海市场碳价上升，而其他试点地区市场碳价下降，成交量基本维持稳定。

在成交量方面，整体履约期中湖北碳市场的成交量最大，主要是由于湖北碳市场"未经交易的配额注销"的政策导致了交易频率增加。相较于 2014 年履约期，2015 年履约期中北京、上海、湖北与广东碳市场成交量增加，天津与深圳碳市场成交量下降。其中，深圳碳市场主要是由于出现新的碳配额类型，导致原有 SZA－2013 配额在市场流动性下降；天津碳市场在 2014～2016 年履约期中，有效交易日较少。2016 年履约期中上海、湖北与深圳碳市场成交量有所下降；其中，上海与湖北碳市场成交量下降幅度较小，而深圳主要是由于 SZA－2013 类型的配额基本已完成履约。

由此可见，碳交易主要集中于履约窗口期。对比整个履约期与窗口期的价格与成交量可以发现，窗口期的价格均值总体来看有所下降，且波动降低，而窗口期成交量均值除深圳碳市场外，各市场均高于整体履约期。具体来看，仅 2015 年履约期北京碳市场、2016 年履约期上海碳市场与 2014 年履约期湖北碳市场的整体履约期碳价均值略低于履约窗口期，其余时间内的履约窗口期碳价均值低于整体履约期，且碳价标准差整体下降，约占整体履约期标准差的 0.2～0.8 倍。在成交量方面，除深圳与湖北碳市场外，其余碳市场中履约窗口期成交量均值约为整体履约期成交量均值的 2.5～10.5 倍。例如，天津碳市场在 2016 年履约窗口期内的成交量是整个 2016 履约期均值的 10.5 倍，且碳价均值由 13.95 元/吨下降为 12.89 元/吨，标准差由 2.78 下降为 1.77。

综上所述，履约窗口期成交量相对较大，而价格的波动性减少，所以流动性与碳价的稳定是伴生的。因此，为实现有效价格，提升市场流动性是关键。只有具备较高流动性的市场，才能吸引投资者的加入，进而完善交易体系的市场化程度，为控排企业提供履约途径。

第二节 有效碳价形成机制的理论分析

一、有效碳价格形成的基础

与传统金融市场不同，碳交易市场构建的主要目的在于以低成本完成政府规定的碳减排指标，因此其受到的行政干预程度要高于传统的金融市场。例如，碳市场中的配额总量、控排企业的减排要求均是由政府规定的，特别是为保证企业完成减排要求，在各年年度履约期的期末时，各地区发改委会发布相应的碳排放配额清算工作通知，要求控排企业在 6~7 月份中的某一天前完成履约工作，从而使得履约窗口期市场成交量大幅度上涨。这主要是由于控排企业的碳权交易策略较为被动，它并不清楚在履约前期自身处于配额买方还是卖方的位置，因此选择在窗口期交易以完成履约。然而，仅在履约期前进行配额交易的减排措施与非市场化减排手段类似，并不能有效降低控排企业的履约成本，实现构建碳市场的目标。以碳市场配额买方为例，假设 P 为碳排放水平，则 P 是控排企业继续生产所需支出 O 与企业降低碳排放所需支出 E 的函数，即 $P = P(O, E)$，并且满足条件如式（6-1）所示：

$$P_O > 0, \ P_{OO} > 0, \ P_E < 0, \ P_{EO} = 0 \qquad (6-1)$$

其中，下标表示相应的偏导数，如 P_O 表示对产出水平 O 求偏导，P_{OO} 表示对产出水平 O 求二阶偏导。式（6-1）表明当企业生产增加时，碳排放增加；当治理碳排放支出 E 增加时，碳排放降低。企业效用如式（6-2）所示，其满足的条件如（6-3）所示：

$$U = U(O, P) \qquad (6-2)$$

$$U_O > 0, \ U_{OO} < 0, \ U_P \leqslant 0, \ U_{PP} \leqslant 0 \qquad (6-3)$$

为实现控排企业效用最大化，即 $\max U = U(O, P)$，应保证碳交易支出 E 尽可能减少。当企业在履约期前一个月进行交易时，由于控排企业不得不履约交易，因此无论此时碳市场配额价格高低与否，企业都会去购买，这一方面会导致企业支出急剧增长，另一方面会因价格的不确定造成企业损失的增加。总体来说，因为交易不能分散到平时而集中在履约期前一个月，所以会大幅增加企业的履约成本，尤其是现阶段中国碳市场仅为现货市场，不存在期货与期权的交易市场，从而无法实现低成本减排的初衷。因此，将企业交易分散到平时，促进其市场流动性，是形成有效价格的基础与关键条件。

二、碳市场价格与流动性互动的理论分析

各地区主管机构为促使控排企业完成减排指标，均制定了相关的政策措施以激励企业减排。例如，上海碳市场引入"先期减排配额"制度，如果控排企业实施了经国家或本市部门按节能量给予资金支持的节能技改或合同能源管理项目，则可以获得先期减排配额。同时，各地区为了促使控排企业将交易分散到平时，增加市场流动性，进而减少碳价的大幅波动，也采取了相应的措施。例如，上海碳市场一次性向控排企业发放三年的配额，北京碳市场配额虽然一年一发，但在初期便明确了三年中各企业的年度配额。这些措施能够有助于市场形成有效预期，从而使控排企业能够依据自身配额需求和市场行情进行碳资产管理。然而，其他市场碳配额一年一发，更易引起市场的短期投机行为和流动性缺失现象，从而造成碳价的大幅度波动，如在某一年履约期结束后，下一年履约期期初价格会因成交量减少而出现大幅波动。由此可见，政府制定的相关政策和措施会在一定程度上影响碳市场运行情况，引发碳价格的波动，因此政府强制性政策是碳价管理机制之一。

另外，碳市场在控排企业这类参与者之外，也引入了机构投资和个人投资者。与控排企业硬性减排目标不同，一方面，投资者加入碳市场

是为了获取收益；另一方面，控排企业进入碳市场是为了实现减排要求，但也是基于市场机制将多余的配额卖出，以获取利润。因此，无论是投资者还是控排企业，均会受到市场价格的影响。在传统金融理论的研究中，克拉克（Clark，1973）认为交易信息会同时影响资产的价格与成交量，使价格收益率与成交量存在正相关关系；科普兰（Copeland，1976）认为基于信息到达的顺序不同，资产的价格收益率与成交量能够相互影响和预测。作为信息流，陈等（Chen et al.，2001）提出股票成交量与收益率、波动性间存在动态关联。股票成交量包含了市场价格特性信息（赵振全和薛丰慧，2005），且会对收益波动率造成影响。同样地，当碳市场价格收益率变动时，也会基于控排企业和投资者预期而引起供求变动，从而改变市场中的交易量。

第三节　有效碳价形成的实证研究

为解决碳价管理中面临的流动性困境、履约驱动与履约推迟等问题，本书构建面板 VAR 模型探究碳价与流动性之间的关联，分析履约期与窗口期配额交易的差异，并提出提高碳价和流动性的措施，以解决碳价管理机制中存在的流动性困境、履约驱动等问题。

一、研究方法和数据来源

（一）研究方法

本书采用霍尔茨等（Holtz-Eakin et al.，1988）构建的面板 VAR（Panel Vector Autoregressive，PVAR）模型[①]探究履约期与窗口期下碳价

---

① 选取面板 VAR 模型，而非 VAR 模型，一方面为综合考虑 6 个碳市场下"收益率—波动率—流动性"的关系，整体性的分析碳市场运行情况，这从一定程度上也体现了将来全国碳市场的运行趋势；另一方面也是由于各试点碳市场履约窗口期数据较少，不足以支撑 VAR 模型的构建。

与流动性的动态关联，该模型综合了面板数据与 VAR 模型的优势，能够将系统中的变量视为内生变量，并引入个体效应与时间效应确定个体差异与时间变动造成的冲击，模型如式（6-4）所示：

$$y_{it} = \beta_0 + \lambda_i + \gamma_t + \sum_{j=1}^{p} \beta_j y_{i,t-j} + \delta x_{it} + \varepsilon_{it} \qquad (6-4)$$

其中，y_{it} 为被解释变量，x_{it} 为外生变量，β 为回归系数，λ_i 与 γ_t 分别表示变量在个体与时间上的差异，ε_{it} 为随机误差项①。

（二）数据来源

选取 2014~2016 年履约期北京、天津、上海、湖北、广东与深圳 6 个试点碳市场的日收盘价与成交量数据，各市场具体履约期和窗口期日期已在前面提及。去除各市场成交量全部为 0 的交易日，当某一市场在当日没有交易，而其他市场存在成交量时，选取该市场上一有效交易日的价格作为补充，成交量设定为 1 吨，并将各市场成交量数据取对数，以保证量纲的一致，以 VO 代表市场流动性。本书收益率采用碳价格的对数差分形式表示，如式（6-5）所示：

$$R_t = \ln(P_t/P_{t-1}) \qquad (6-5)$$

其中，R_t 为各试点碳市场第 t 日的收益率，P_t 为第 t 日的收盘价。基于 GARCH（1，1）模型测算碳市场收益率的波动情况，如式（6-6）所示，其中，h_t 为 GARCH（1，1）模型的条件方差，代表碳价的收益波动率 V。

$$h_t = \alpha_0 + \alpha_1 \varepsilon_{t-1}^2 + \alpha_2 h_{t-1} \qquad (6-6)$$

同时，为保证面板 VAR 模型的稳健性，选取试点地区瓶装液化气零售价（P_{liq}）、0 号柴油零售价（P_{die}）与平均气温（T）3 个变量作为控制变量。其中，由于能源价格变动频率较小，而温度不受经济系统影响，因此均可以视为外生变量。另外，由于北京与天津冬季平均温度低

① 由于模型存在个体效应，且解释变量中包括被解释变量的滞后项，因此该模型可以视为存在固定效应的动态面板模型。

于 0 摄氏度，为确保模型的可行性，两个地区的平均气温均加 15 摄氏度。3 个控制变量均取对数。

二、市场流动性与碳价动态关联实证结果

（一）单位根检验

为避免出现虚假回归现象，首先对 3 个解释变量与 3 个控制变量进行单位根检验。由于变量为非平衡面板数据，因此选择 Fisher 检验（Fisher-type Unit-root Test）以保证变量的平稳性。由表 6 – 5 可知，各变量均在 10% 的置信水平下显著，数据平稳。

表 6 – 5 　　　　　　　　　　单位根检验

变量	2014 履约期		2015 履约期		2016 履约期	
	履约期	窗口期	履约期	窗口期	履约期	窗口期
R	85.373 ***	15.017 ***	85.839 ***	15.784 ***	85.839 ***	29.514 ***
V	30.157 ***	2.655 ***	49.010 ***	7.912 ***	65.585 ***	15.841 ***
lnVO	44.419 ***	7.260 ***	39.643 ***	7.375 ***	57.175 ***	9.684 ***
lnP_{liq}	2.763 ***	4.012 ***	2.270 ***	1.532 *	1.630 *	1.425 *
lnP_{die}	5.525 ***	4.328 ***	12.948 ***	4.825 ***	4.884 ***	3.117 **
lnT	7.489 ***	14.080 ***	8.717 ***	7.718 ***	38.688 ***	2.209 **

注：***、**、* 分别表示在 1%、5%、10% 的水平上显著。

（二）碳市场流动性、收益率与波动率的面板 VAR 估计

基于 Hansen's J statistic、Hansen's J p-value、MBIC、MAIC 与 MQIC 准则，本书最终选取收益率、波动率与流动性的滞后一阶作为模型的解释变量。2014、2015 与 2016 年履约期下结果如表 6 – 6（a）~ 表 6 – 6（c）所示。

表 6 – 6（a） **2014 年履约期下面板 VAR 估计结果**

因变量	自变量	2014 年履约期			
		履约期		窗口期	
R	l. R	−0.375 *** (−60.27)	−0.388 *** (−46.59)	0.090 *** (2.60)	−0.213 *** (−4.83)
	l. V	4.441 *** (93.96)	4.222 *** (58.71)	4.539 *** (12.57)	5.610 *** (9.03)
	l. lnVO	0.001 *** (8.69)	0.001 *** (5.61)	−0.000 (−0.16)	−0.000 (−0.34)
	lnP_{liq}	—	0.008 (0.05)	—	1.987 (1.45)
	lnP_{die}	—	2.554 *** (3.02)	—	−27.249 (−1.49)
	lnT	—	−0.045 *** (−3.21)	—	0.023 (0.16)
V	l. R	−0.004 *** (−16.74)	−0.002 *** (−8.54)	0.031 *** (13.30)	0.052 *** (7.21)
	l. V	0.050 *** (9.54)	0.010 (1.36)	−0.374 *** (−12.57)	−0.382 *** (−6.52)
	l. lnVO	0.000 *** (19.83)	0.000 *** (13.83)	0.000 (0.56)	0.000 ** (1.99)
	lnP_{liq}	—	−0.136 *** (−11.30)	—	−0.159 (−1.31)
	lnP_{die}	—	0.031 (1.37)	—	−2.360 (−1.01)
	lnT	—	−0.001 * (−1.88)	—	0.077 *** (3.90)
lnVO	l. R	−18.917 *** (−65.88)	−19.350 *** (−45.03)	−38.046 *** (−17.22)	−25.177 *** (−10.05)

续表

因变量	自变量	2014 年履约期			
		履约期		窗口期	
lnVO	l. V	−405.000 *** (−139.06)	−412.532 *** (−91.38)	−216.284 *** (−15.71)	−136.420 *** (−6.47)
	l. lnVO	−0.485 *** (−45.03)	−0.484 *** (−36.51)	−0.621 *** (−9.26)	−0.630 *** (−6.53)
	lnP$_{liq}$	—	35.441 *** (3.64)		247.056 *** (2.60)
	lnP$_{die}$	—	−4.845 (−0.27)	—	2238.299 ** (2.07)
	lnT	—	−7.212 *** (−8.01)	—	71.577 *** (6.64)

注: *** 、 ** 、 * 分别表示在 1%、5%、10% 的水平上显著。

表 6 − 6（b）　　　　**2015 年履约期下面板 VAR 估计结果**

因变量	自变量	2015 年履约期			
		履约期		窗口期	
R	l. R	−0.347 *** (−38.25)	−0.358 *** (−35.81)	−0.205 *** (−10.03)	−0.522 *** (−6.75)
	l. V	−1.934 *** (−27.55)	−1.843 *** (−24.27)	−3.707 *** (−24.36)	−4.599 *** (−5.03)
	l. lnVO	0.000 ** (2.27)	0.000 * (1.73)	0.005 *** (3.44)	0.004 * (0.06)
	lnP$_{liq}$	—	−0.116 ** (−1.98)	—	4.654 (1.35)
	lnP$_{die}$	—	1.567 (0.40)	—	40.468 (0.94)
	lnT	—	0.033 * (1.71)	—	−1.184 *** (−4.29)

续表

因变量	自变量	2015 年履约期			
		履约期		窗口期	
V	l. R	0.011 *** (17.27)	0.011 *** (12.71)	0.066 *** (9.35)	0.039 *** (8.83)
	l. V	0.569 *** (32.37)	0.627 *** (28.04)	0.820 *** (13.04)	0.457 *** (6.46)
	l. lnVO	0.000 *** (18.28)	0.000 *** (14.11)	0.000 *** (2.65)	0.000 *** (3.73)
	lnP_{liq}	—	−0.008 (−0.97)	—	0.648 * (1.73)
	lnP_{die}	—	−0.667 ** (−2.55)	—	9.058 ** (2.15)
	lnT	—	0.006 *** (7.54)	—	−0.036 *** (−2.72)
lnVO	l. R	−12.662 *** (−34.96)	−14.792 *** (−31.24)	−17.535 *** (−21.20)	−12.422 *** (−11.40)
	l. V	63.570 *** (22.26)	3.700 (0.68)	183.147 *** (18.39)	111.269 *** (16.39)
	l. lnVO	−0.382 *** (−29.00)	−0.401 *** (−25.80)	−0.394 *** (−5.68)	−0.376 *** (−5.93)
	lnP_{liq}	—	30.804 * (1.70)	—	48.358 (0.67)
	lnP_{die}	—	−1047.583 *** (−3.22)	—	−794.393 (−0.76)
	lnT	—	−15.830 *** (−11.23)	—	63.114 *** (5.66)

注：*** 、** 、*分别表示在1%、5%、10%的水平上显著。

表 6 – 6（c）　　　　2016 年履约期下面板 VAR 估计结果

因变量	自变量	2016 年履约期			
		履约期		窗口期	
R	l. R	− 0. 304 *** （ − 22. 05）	− 0. 359 *** （ − 29. 04）	0. 152 *** （3. 04）	0. 134 * （1. 92）
	l. V	0. 190 （1. 32）	− 1. 323 *** （ − 11. 08）	− 1. 301 *** （ − 5. 84）	− 1. 157 *** （ − 3. 90）
	l. lnVO	0. 001 * （1. 85）	0. 000 （0. 78）	0. 000 （ − 0. 50）	0. 000 （ − 0. 59）
	lnP_{liq}	—	0. 260 * （1. 67）	—	− 0. 253 （ − 0. 83）
	lnP_{die}	—	− 1. 294 （ − 0. 49）	—	− 4. 046 （ − 0. 47）
	lnT	—	0. 017 ** （2. 54）	—	− 0. 084 （ − 0. 88）
V	l. R	− 0. 004 *** （ − 7. 28）	− 0. 002 *** （ − 5. 06）	− 0. 027 *** （ − 7. 88）	0. 004 （0. 63）
	l. V	0. 208 *** （11. 25）	0. 224 *** （16. 29）	− 0. 194 *** （ − 5. 56）	− 0. 254 *** （ − 3. 18）
	l. lnVO	0. 000 （0. 88）	0. 000 （0. 97）	− 0. 001 *** （ − 10. 90）	− 0. 001 *** （ − 10. 88）
	lnP_{liq}	—	− 0. 022 *** （ − 5. 62）	—	− 0. 009 （ − 0. 22）
	lnP_{die}	—	0. 258 *** （2. 82）	—	− 1. 159 （ − 0. 77）
	lnT	—	− 0. 002 *** （ − 7. 75）	—	− 0. 037 ** （ − 2. 36）

续表

因变量	自变量	2016 年履约期			
		履约期		窗口期	
lnVO	l. R	−5.089 *** (−11.64)	−5.198 *** (−12.28)	−108.672 *** (−19.35)	−83.909 *** (−11.52)
	l. V	209.759 *** (20.04)	378.720 *** (33.69)	305.206 *** (14.06)	316.978 *** (12.00)
	l. lnVO	−0.350 *** (−19.52)	−0.358 *** (−21.08)	−0.314 *** (−4.82)	−0.472 *** (−6.10)
	lnP_{liq}	—	−51.424 *** (−4.93)	—	180.586 *** (3.13)
	lnP_{die}	—	581.903 ** (2.55)	—	−3199.065 *** (−2.77)
	lnT	—	−2.993 *** (−7.52)	—	−18.098 (−1.34)

注：*** 、** 、* 分别表示在 1% 、5% 、10% 的水平上显著。履约期代表整体履约期，窗口期代表履约期截止前的窗口期。

由表 6 - 6（a）~表 6 - 6（c）可知，在 2014 ~ 2016 年 3 个阶段的整体履约期中，流动性滞后一期（l. lnVO）对收益率（R）的影响为正，而收益率滞后一期（l. R）对流动性（lnVO）的影响为负，表明两者的相互影响存在非对称效应。在流动性滞后一期（l. lnVO）对收益波动率（V）的影响中，2014 年与 2015 年履约期为正，2016 年履约期为负；在收益波动率滞后一期（l. V）对流动性（lnVO）的影响中，2014年履约期为正，2015 年与 2016 年履约期为负，也呈现非对称效应。通过对比 3 个履约期中的整体履约期与履约窗口期表现可以发现，2014年与 2016 年整体履约期与履约窗口期变量差异较大，表明控排企业在进行履约窗口期后的交易现象与非窗口期不同，导致窗口期与非窗口期出现"断裂"现象。其中，2016 年履约期相对优于 2014 年履约期，而 2015 年整体履约期与窗口期表现相对一致。这主要是由于在 2014 年履约期中，碳市场刚刚建立与运行，仍处于摸索阶段，控排企业的履约驱动性较强，而在 2015 年履约期有所好转，市场化程度提高；但在 2016 年履约期时，中国政府提出将在 2017 年构建全国碳市场，控排企业与投资者为避免全国碳市场颁布新的制度规定而导致自身面临损失，因此均呈观望态度，在履约期前半段交易不积极，导致窗口期表现与整体履约期表现不同。

在控制变量方面，不同履约期下各控制变量对解释变量的影响不同，在同一履约期内整体履约期和窗口期的表现也存在差异。总的来说，若企业采用煤炭等高碳能源进行生产时，如果煤炭的价格上涨，但企业无法在短期内寻找替代能源，则会导致企业产量减少，从而对配额的需求也减少。例天津和湖北地区为工业主导型经济发展模式，企业对高碳能源的依赖性较高，当煤炭价格增加时，企业由于资金、技术等限制无法在短期内替换能源，由此导致企业的产量降低，其对碳配额的需求也会随着产量降低而减少；如果企业采用的是天然气等低碳能源，若该能源价格上升，则企业相对容易转向高碳能源的消耗，从而导致配额需求增加。另外，由于履约窗口期集中在 6~7 月份，在此期间，若温度上升，则控排企业对制冷设备需求增加，从而导致配额需求上升；而当整体履约期时，随着温度上升，北京、天津等地的控排企业对制热设备需求减少，会降低市场配额需求。

（三）碳市场收益率、波动率与流动性的面板 VAR 稳定性检验

基于面板 VAR 回归结果，确定该系统的稳定性，即满足单位根在同一个圆内的要求。结果如图 6 - 2（a）~图 6 - 2（f）所示，4 个回归模型结果中所有特征值均在单位圆内，系统平稳性检验通过。

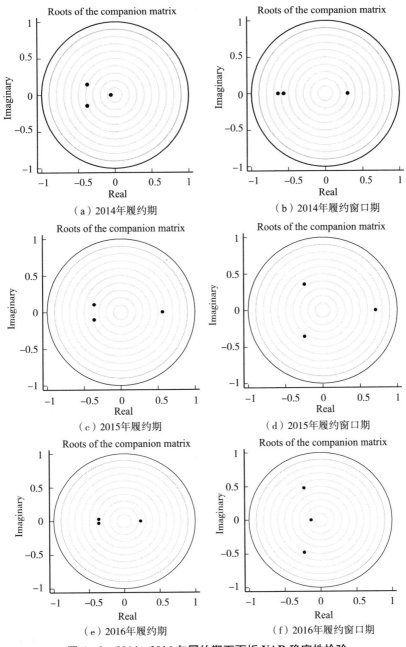

图 6 － 2　2014 ～ 2016 年履约期下面板 VAR 稳定性检验

（四）"流动性—收益率与波动率"与"收益率与波动率—成交量"的脉冲响应结果

为衡量随机扰动项一个标准差的新息冲击对其他变量的影响轨迹，确定整体履约期与履约窗口期下碳市场"流动性—收益率与波动率"与"收益率与波动率—流动性"间的动态关联与差异，基于面板 VAR 模型构建脉冲响应函数，结果如表 6-7 与表 6-8 所示。

表 6-7   2014、2015 与 2016 年履约期碳市场流动性对收益率
与波动率的脉冲响应结果

阶段（年）	分期	R					V				
		第0/1期响应	持续期数	峰值对应期	峰值	累积响应	第0/1期响应	持续期数	峰值对应期	峰值	累积响应
2014	履约期	<0/ <0	7	2	4.436	-1.638	<0/ <0	7	1	-3.335	-4.226
	窗口期	<0/ <0	7	0	-10.647	-11.733	<0/ <0	8	1	-3.242	-4.526
2015	履约期	<0/ >0	6	1	-40.651	-30.764	>0/ <0	7	1	29.481	22.011
	窗口期	<0/ >0	8	2	7.796	5.576	<0/ >0	7	1	3.197	3.927
2016	履约期	<0/ >0	6	1	-19.183	-17.494	>0/ <0	6	1	15.821	14.746
	窗口期	>0/ <0	9	0	51.548	26.923	>0/ <0	8	0	29.074	18.714

注：履约期代表整体履约期，窗口期为履约窗口期。

表 6-8   2014、2015 与 2016 年履约期碳市场收益率
与波动率对流动性的脉冲响应结果

变量	阶段（年）	履约期					窗口期				
		第0/1期响应	持续期数	峰值对应期	峰值	累积响应	第0/1期响应	持续期数	峰值对应期	峰值	累积响应
R	2014	0/ >0	5	1	0.005	0.003	0/ <0	8	2	0.001	0.012
	2015	0/ >0	6	2	-0.008	-0.002	0/ >0	7	2	-0.021	-0.000
	2016	0/ >0	5	1	0.002	0.001	0/ <0	6	2	0.045	0.011

变量	阶段 (年)	履约期					窗口期				
		第0/1 期响应	持续 期数	峰值对 应期	峰值	累积 响应	第0/1 期响应	持续 期数	峰值对 应期	峰值	累积 响应
V	2014	0/ >0	5	1	0.000	0.000	0/ >0	8	3	0.003	0.003
	2015	0/ >0	6	3	0.000	0.004	0/ >0	6	1	0.002	0.003
	2016	0/ >0	5	1	0.000	0.000	0/ <0	5	1	-0.034	-0.015

注：在收益率对流动性脉冲响应的2015年履约期履约窗口期中，累积响应值为-0.00039；在波动率对流动性脉冲响应的2014年履约期整体履约期中，峰值与累积响应值依次为0.00027与0.00018，履约窗口期中的峰值为0.00063。

由表6-7碳市场流动性对收益率与波动率的脉冲响应结果来看，3个履约期中流动性对收益率与波动率的前两期响应方向略有差异。在2014年履约期中，流动性对收益率和收益波动率前两期响应均为负，表明当收益率和波动率受到一个新息的标准差冲击后，流动性初期的影响为负；同时，从累积响应值来看，履约期与窗口期累积响应均为负，表明当收益率和波动率受到一个新息的标准差冲击后，流动性最终响应为负，收益率的降低会给予投资者一定程度的流动性补偿，其中，窗口期累积响应值的绝对值大于整体履约期，表明随着成交量的增加，市场流动性受到价格影响增加。

在2015年履约期中，流动性对收益率和波动率前两期响应方向均不同。其中，整体履约期与窗口期下流动性对收益率响应方向以及窗口期下流动性对波动率响应方向均在第0期响应为负，第1期响应为正；而整体履约期中流动性对波动率响应方向为第0期为正，第1期为负，表明当收益率和波动率受到一个标准差新息冲击后，流动性影响呈波动形式。与2014年履约期相似，2015年履约期中收益率和波动率对流动性的影响维持在第6~8期，不具备长期性，且峰值在第1~2期。同时，整体履约期中流动性对收益率和波动率响应的峰值和累积响应值的绝对值较2014年履约期高，体现为流动性对收益率响应的峰值和累积响应值为-40.651和-30.764；流动性对波动率响应的峰值和累积响应值为 29.481 和 22.011，这表明在 2015 年履约期控排企业的交易相对分散到平时，整体的流动性较 2014 年履约期更优，即 2015 年履约期碳市场的运行更具市场化。但在 2015 年的履约窗口期，其峰值与累积响应值的绝对值下降且均为正，表明窗口期下控排企业的交易以完成履约为主，而不会过多地考虑碳价收益或波动问题，体现了其"非理性"①交易程度较高。

在 2016 年履约期中，整体履约期与履约窗口期下流动性对收益率和收益波动率的相应方向均有所差异，表明当收益率和波动率受到一个标准差的新息冲击时，流动性初期相应呈波动态势。与 2014 年和 2015 年履约期相似，2016 年履约期中收益率和波动率对流动性的影响不具备长期性，维持在第 6 ~ 9 期，峰值对应期为第 0 ~ 1 期。对比 2015 年履约期可知，在整体履约期下，流动性对收益率和波动率相应的峰值和累积响应值的绝对值下降，而在窗口期其峰值和累积响应值上升，这也体现出 2016 年履约期表现略差于 2015 年履约期，主要是由于控排企业与投资者对 2017 年构建全国碳市场这一预期的不确定性，但总体来说，2016 年履约期的市场表现仍优于 2014 年履约期。

由表 6 - 8 可知，第 0 期响应均为 0，第 1 期响应中仅 2014 年履约期窗口期与 2016 年履约窗口期方向为负，其余均为正向，表明当流动性受到一个标准差的新息冲击时，收益率和波动率初期响应为正。两个变量对流动性响应持续期数与流动性对收益率与波动率的脉冲响应结果类似，均维持在第 5 ~ 8 期，且不具备长期的影响，各阶段峰值与累积响应值均较小。在收益率对流动性的脉冲响应方面来看，2014 年整体履约期与窗口期中的累积响应值为正，流动性对收益率仅存在较小幅度的提升；而 2015 年整体履约期与窗口期中的累积响应值为负，表明当流动性受到一个标准差冲击时，最终对收益率影响为负，与流动性对收益率脉冲响应结果相似，但响应值较小，表明碳市场在这一阶段存在较

---

① 控排企业非理性交易指企业仅为了完成履约目的而交易，不考虑市场收益率与波动率问题。

小程度的流动性溢价问题；2016 年履约期表现与 2014 年履约期相似，在整体履约期和窗口期中流动性对收益率影响均为正，其中，在窗口期的峰值和累积相应值高于 2014 年履约窗口期。

在波动率对流动性的脉冲响应结果方面，与收益率对流动性的脉冲响应结果相似，流动性对波动率影响较小，最大峰值为 2016 年履约窗口期中的 -0.034。这表明虽然窗口期中流动性提升，对波动率的影响增加，但由于影响程度较小，一方面体现了碳市场交易较为清淡的局面，另一方面也体现了窗口期控排企业集中交易的结果。

综合表 6 - 7 与表 6 - 8 可见，在 2014～2016 年履约期下，收益率与波动率对流动性的影响较大，而反过来，流动性对收益率与波动率的影响较小，且由于市场流动性较低，其不足以支撑收益率与波动率的变动；相较于整体履约期，履约窗口期下收益率、波动率与流动性之间的关联程度更高，这主要是由于随着窗口期成交量的增加，三者关联程度提高。由此可见，随着流动性的增加，碳价与流动性的动态关联程度增加。同时，控排企业履约驱动特性表明企业自身碳资产管理水平较低，没有配额交易意愿，履约窗口期企业的大量交易仅是为了完成履约要求。另外，基于市场化的价格管理机制对流动性的影响表现较强制减排政策更优。

（五）碳市场"收益率—波动率—流动性"的方差分解结果

为了探究碳市场收益率、收益波动率与流动性 3 个变量对自身和其他 2 个变量波动的贡献度，进一步进行方差分解，结果如表 6 - 9 所示。

表 6 - 9　　碳市场"收益率—波动率—流动性"方差分解结果

变量	阶段（年）	期数	R		V		L	
			履约期	窗口期	履约期	窗口期	履约期	窗口期
R	2014	5	0.975	0.722	0.024	0.259	0.001	0.019
		10	0.975	0.643	0.024	0.316	0.001	0.040

续表

变量	阶段（年）	期数	R		V		L	
			履约期	窗口期	履约期	窗口期	履约期	窗口期
R	2015	5	0.872	0.948	0.120	0.050	0.008	0.003
		10	0.871	0.948	0.121	0.050	0.008	0.003
	2016	5	0.991	0.802	0.008	0.105	0.001	0.093
		10	0.991	0.800	0.008	0.105	0.001	0.094
V	2014	5	0.062	0.218	0.937	0.728	0.001	0.054
		10	0.062	0.183	0.937	0.736	0.001	0.082
	2015	5	0.519	0.857	0.478	0.142	0.003	0.001
		10	0.519	0.857	0.478	0.142	0.003	0.001
	2016	5	0.503	0.645	0.497	0.183	0.000	0.172
		10	0.503	0.645	0.497	0.183	0.000	0.172
lnVO	2014	5	0.524	0.498	0.167	0.067	0.309	0.434
		10	0.527	0.480	0.166	0.090	0.307	0.430
	2015	5	0.605	0.797	0.329	0.085	0.066	0.118
		10	0.605	0.797	0.329	0.085	0.066	0.118
	2016	5	0.543	0.620	0.368	0.173	0.089	0.207
		10	0.543	0.620	0.368	0.173	0.089	0.207

由表 6-9 可知，收益率、收益波动率与流动性 3 个变量在第 5 个预测期与第 10 个预测期的方差分解结果相似，表明在第 5 个预测期后系统基本稳定。总体来看，收益率主要受自身影响，收益波动率主要受自身和收益率影响，而流动性则主要受收益率影响，收益波动率和自身的影响较小，这表明基于价格的市场机制能够有效调节市场流动性，有助于控排企业将碳交易分散到平时，以降低控排企业的减排成本。对比整体履约期和履约窗口期，收益率受自身影响减小，而受收益波动率和流动性的影响增加；类似地，收益波动率受自身影响减小，受收益率和流动性影响增加；各履约期流动性受收益率的影响有所不同，但总体来

说，收益率的影响程度仍占主体地位。由此可见，对比整体履约期和履约窗口期，随着履约窗口期下成交量的增加，"收益率—波动率—流动性"三者的相互影响程度提升，表明碳市场成交量的上升使得其市场化条件更加完善，也更易满足有效碳价格形成的要求。

第四节 完善碳价格管理机制对策

针对碳市场面临的履约驱动与流动性缺乏问题，需明确流动性受自身影响较小，而受到收益率和收益波动率影响较大，这表明市场化的碳价管理机制较政府强制减排政策更优，因此应减少政府的过度干预，提升市场化的管理水平和控排企业的碳资产管理能力。随着中国经济结构调整过程的推进，产业结构优化升级的过程中可能会出现配额供给过量的问题，因此需要通过价格调节手段来保证碳市场的有效运行。而对于现阶段的价格机制来说，如何有效解决履约驱动与流动性缺失呢？本节将针对完善碳价管理机制提出相应的对策，以解决市场价格管理与运行中面临的这两个困境。

一、市场准入与碳金融产品

碳市场只有具备充足的流动性才能形成有效价格，为市场配额交易参与者提供有用的价格信息，促进减排活动的进行。碳市场的有效性对于政府、控排企业、机构与个人投资者都十分重要。由于目前碳市场仅限于现货交易，一方面，现货价格的滞后性易造成决策的失误；另一方面，由于控排企业和投资者没有套期保值的产品，因此对于碳配额的交易不够积极。在我国现阶段碳交易体系的发展中，相关期货、期权与互换交易等金融衍生品交易的缺失主要是由于碳市场仍处于发展的初步阶段，以控排企业减排为主，同时稳定市场减少套利行为。但由于控排企业对于配额交易不确定性的担忧会导致碳市场流动性降低，因此，适时引入部分相关衍生品交易，能够提升市场流动性和碳价格的发现功能；同时，引入境外投资者，促使银行、保险与基金等参与碳权交易，也有助于碳市场形成有效价格。

二、动态价格上下限

多数 ETS 会基于履约罚金的形式设立隐含的碳价上限。而 RGGI 以拍卖形式设定碳价的下限，随后每年按照通胀率＋2% 的比率增加；澳大利亚则制定了"滚动上限"机制。两者的相同之处在于均设定了价格下限，且基于时间推进和通胀率进行调整。从长期来看，固定价格的上下限设定难以满足配额供给不断收缩、控排企业减排成本增加的客观规律，以及经济转型升级的需要，因此动态的价格上下限更容易契合企业、地区发展的需要，进而推动碳市场的平稳运行。

同时，在广东碳市场中，初始配额的分配采用的是免费发放和拍卖相结合的模式，但并没有明确拍卖底价；其他试点碳市场虽然设定了配额存储机制，在配额不足或价格过高的情况下实行一定比例的拍卖来调节市场的运行，但也没有规定碳配额价格到何种程度启动配额存储的投放。基于此，有必要对碳价格设定相关的动态价格上下限机制。如本书第四章所述，碳价格的上限基于经济结构调整与减排要求设定，以避免碳价过高增加控排企业减排成本和经济转型困境；碳价格的下限基于控排企业的减排能力，以鼓励企业减排技术的创新和投资，促进碳减排活动的进行。另外，由于这种碳价上下限的设定模式可能导致碳价格并不在这一范围内运行，因此在初期，可以设定市场运行过程中碳价格的上下四分位点作为碳价格的上下限，以一定程度的通胀率上浮程度作为价格限制上涨幅度的参考。长期来看，随着碳价逐渐上升至一定程度，以经济发展和企业减排能力设定的碳价上下限为新的限制价格。

三、弹性抵消机制

实施灵活性的抵消机制是维持碳市场稳定运行的有效措施，可通过设定具有弹性的抵消机制，改变配额抵消所占比例；当碳价格高于临界值时，可调节该比例的区间，稳定市场价格。同时，随着全国碳市场的启动，各试点碳市场抵消核证减排量的来源可以逐步扩大到全国，逐渐实现各试点碳市场与全国统一碳市场连接的基础。

四、履约机制

通过引入期权或期货等衍生品提高市场流动性是一个相对长期的过程，在没有相关金融产品出现时，控排企业仍呈现履约驱动现象。因此，一方面，可考虑纳入按季度履约的滚动履约机制，以提高碳市场的整体流动性；另一方面，可通过培训、增设激励机制等促进企业碳资产管理能力，在保证履约完成的基础上，增加非履约窗口期的交易，以实现企业效用的最大化。

五、电力价格传导机制

近年来，电力行业碳排放量约占全国碳排放总量的 50%，因此各试点碳市场均将电力行业纳入控排；同时，2017 年 12 月启动的全国统一碳市场规定以发电行业为突破口，仅纳入电力行业能够覆盖 30 多亿吨碳排放量，占全国碳排放量的 1/3，已超过 EU ETS 规模[①]。目前，中国电力价格是受管制的，虽然新电改政策有助于解决现阶段减排成本无法传递、企业减排压力无法消化的问题，但其阻碍了电力市场和碳市场的成本向下游传递。总体来说，由于电力市场和碳市场均处于起步阶段，两个市场的关联性还没有充分体现，因此在全国碳市场运行初期，可以考虑采用与试点碳市场相同的策略，同时由政府对电力生产进行补贴；在碳市场运行完善后，逐渐引入配额拍卖机制，增大拍卖比例，逐渐过渡为以拍卖为主，免费分配为辅的配额分配原则。

---

① http://finance.ce.cn/rolling/201712/20/t20171220_27329171.shtml。

六、碳配额总量动态调整机制

配额供给过剩会导致碳价持续低迷，进而使得碳市场无法发挥减排效应，如对于 EU ETS 初始配额分配过量主要是由于经济发展的不确定性与信息不对称。因此，需要建立碳配额总量动态调整机制，以保障碳市场的有效价格。

中国各试点碳市场的碳配额是以该地区的碳强度为基础而设定的总量配额，相较 EU ETS 的固定总量配额，更考虑了经济发展的不确定性，但是基于碳强度设定配额也就可能导致配额发放过剩。同时，企业为了减少自身减排成本会倾向于夸大碳减排活动对企业生产的冲击，产生逆向选择行为，而政府由于处于信息弱势地位，可能会使碳排放上限的设定并不合理。因此，政府须充分利用企业的逐利性，设计针对不同类型企业的减排合约，灵活处理剩余配额，防止因配额发放过多而导致碳价低迷。例如，对于已经发放给控排企业的配额，可以在下一期扣除多余的配额量；对于在政府手中的预留配额，即还未发放给控排企业的配额，可以采取注销的方式。

第五节 本 章 小 结

本书阐述了截至 2017 年国内外碳市场价格管理措施，提出市场形成有效碳价的基础，进而分析中国碳价管理机制中面临的问题，并采用面板 VAR 模型探讨了碳交易市场收益率、收益波动率与流动性的相互影响，探究基于市场机制如何解决中国碳价管理过程中的困境。

第一，为解决碳市场失灵导致的无效率问题，各碳市场会引入相应的价格管理机制以解决市场运行中出现的困境，促使碳市场形成有效碳价格，进行减排活动。当前的价格管理主要包括惩罚价格、安全阀机制、碳价上下限、动态分配、跨期存储与借贷机制、抵消机制等方法。

另外，说明碳市场构建与运行中面临的问题。

第二，明确流动性是市场发挥价格发现功能的保障，而中国试点碳市场面临着低流动性的困扰，影响了碳市场的效率和助力减排的目的。中国碳市场中的政府强制性政策与市场机制下的价格收益率与波动率均对碳市场流动性造成了影响。同时，市场中也存在着履约驱动与履约推迟的现象，导致价格发现功能无法有效实现。

第三，本书采用面板 VAR 模型探讨了整体履约期与履约窗口期下碳交易市场收益率、波动率与流动性的相互影响，并基于脉冲响应函数分析了整体碳市场中三者的动态关联，进而采用方差分解测算了各变量对自身与其他变量波动贡献度。研究发现，整体履约期与履约窗口期下碳交易市场收益率、收益波动率与流动性存在显著的相互影响。其中，窗口期由于成交量上升，使得流动性受收益率和收益波动率的影响增加，表明流动性的提升有助于碳交易市场化。另外，2015 年整体履约期较 2014 年与 2016 年履约期市场化程度更高，而 2014 与 2016 年履约期中的市场表现呈现较明显的窗口期与非窗口期"断裂"现象。

第七章

总结和展望

　　随着中国低碳经济的持续发展，碳交易体系在减排与经济结构转型升级过程中所起的作用也日益明显；而满足碳减排与经济结构调整的碳市场是现阶段经济社会发展的需要，其有效运行必然会对中国现阶段发展造成重大影响。碳减排作为碳市场构建的最基本目的，本书论述了减排与碳价的互动机理，明确了中国碳市场的运作效率；同时，在减排的基础之上，由于碳交易体系的构建是新常态经济增长模式下的必然要求，因此本书分析了经济结构调整与碳价的互动机理。在此基础之上，从数理角度探究碳价形成与运行中的影响因素，明确碳价区间，确定碳价上限为碳排放影子价格，下限为减排技术的边际成本，并测算"十三五"规划期间全国碳价的上限。随后明确在实际碳市场运行过程中，碳价格所面临的溢出效应与碳价管理中所存在的问题。因此，本节将基于5个方面——减排与碳价的互动机理、经济结构调整与碳价的互动机理、减排与经济结构调整条件下的碳定价、碳市场溢出效应与碳价管理存在的问题进行总结，进而提出相应的政策建议和研究展望。

第一节 主要结论

一、明确了减排与碳价的互动机理

本书在理论层面论述了碳市场的减排机理，明确碳排放量的降低是由于配额总量的减少导致碳价升高而促使控排企业技术改进和创新，说明碳价如何作为市场的基本因素实现激励与约束碳排放。采用倍差法与半参数倍差法探究了碳市场减排能力，基于全域非径向方向性距离函数及其对偶原理测算了中国各地区碳影子价格，探究减排对其的影响。本书认为，中国试点碳市场能够降低试点地区碳强度而对碳排放总量无影响，这主要是由于各试点碳配额总量是基于该地区的碳强度下降指标测算所得。各地区碳排放影子价格均呈现上升趋势，表明随着减排的进行，减排成本逐渐增加，价格也随之增长。同时，通过碳市场的配额交易，双方可获得未交易时额外的福利。

二、明确了经济结构调整与碳价的互动机理

本书揭示了存在动态演变特征、区域异质特征与空间集群特征的中国经济结构调整的特征，提出中国经济结构调整要考虑时间趋势、地区差异及其相似性。采用数理模型推导碳价提高全要素绿色生产率、促进碳脱钩的机理，并采用倍差法与半参数倍差法进行验证。本书认为碳市场不会损害中国的经济发展，反而能够促使碳排放与经济增长脱钩，有效促进经济结构调整。随后，从理论与实证角度分析了经济结构因素对碳排放影子价格的影响，基于面板模型探究产业结构、能源结构、固定资产投资与技术进步等变量对碳排放影子价格的影响，结果表明产业结构、固定资产投资等因素对碳排放影子价格有显著的正相关关系，能源

消费结构对碳排放影子价格有显著的负相关关系。

三、揭示了满足减排与经济结构调整要求下的碳价区间

在明确了减排、经济结构调整与碳价间互动机理的基础上，本书基于传统理论模型和现代金融学定价理论详细论述了碳定价的相关基础，从数理角度明确了碳价的形成与影响因素，并明确了碳排放影子价格为碳价的上限，减排技术投资的边际成本为碳价的下限。同时，基于"十三五"规划中的经济增长要求和碳减排要求，设定了经济发展水平与能源消耗、碳排放之间的动态关系，进而测算了满足"十三五"规划期间的碳排放影子价格，并设定了不同的情景模式，通过改变经济增速的假设分析不同情况下的碳价上限。研究表明，"十三五"规划阶段全国碳权配额价格的上限可维持在 300~500 元/吨左右。

四、揭示了碳交易市场之间的溢出效应

本书在长期碳价研究的基础上，基于市场碳价进一步探究了碳权配额市场之间存在的溢出效应。第一，基于市场分割、市场有效性假说、经验法则和传染效应等理论阐述了市场溢出效应的原因，并根据以上原因具体分为两个溢出效应渠道，即各市场之间存在一系列属性相似的基本因素和预期因素。第二，本书采用六元非对称 t 分布的 VAR - GARCH - BEKK 模型与社会网络分析法对除重庆外的 6 个碳交易市场进行收益率与波动率的溢出效应研究，测算其溢出效应网络密度、关联度与度数中心度等指标。研究发现，虽然各碳交易市场制度设计不同，地区经济发展水平、政策制度与交易价格也存在差异，但 6 个碳市场之间均表现出一定程度的收益率与波动率非对称溢出效应，满足碳交易市场整合要求与价格调控目标。基于此构建的全国统一碳市场能够有效连接各试点碳市场，并形成有效价格。

五、解决了碳价管理过程中出现的问题

本书通过对碳交易市场价格与成交量的分析，提出目前碳市场存在成交量清淡、市场配额交易价格较低的问题，出现了流动性困境现象，而无法充分发挥价格发现机制。从理论角度论述了有效碳价格形成的基础以及碳价格与流动性的互动机制。接着采用面板 VAR 进行模型构建，探究市场"价格—流动性"的动态关联，以明确碳价管理中出现的问题与困境。研究表明，一方面，碳市场面临着低流动性的困扰，影响了碳市场的效率和助力减排的目的；另一方面，碳市场呈现出履约截止日期前控排企业大量履约的现象，而无法保证这些参与者是以低成本进行碳减排活动的。本书认为，市场下的管理机制较强制交易政策更优，政府调控的主要目标是弥补市场失灵和促进市场的可持续发展；同时，区分履约窗口期与非窗口期下碳市场价格与成交量的差异，进而采用不同策略进行管理，有利于保证碳市场的有效运行。此外，本书针对提升碳市场定价效率与全国碳市场和试点碳市场连接等方面提出了相应的政策建议。

第二节　政 策 建 议

基于理论分析和实证研究的主要结论，并结合中国现阶段低碳经济的发展和需求，本书从构建满足碳交易体系需求的分配制度与监测制度、把握碳价和经济结构调整的动态关联机制、提高碳交易体系定价的市场效率、提升市场化手段调节力度与加强培育碳交易体系市场需求 5 个方面提出政策建议。

一、构建满足碳交易体系需求的分配制度与监测制度

因为碳交易体系构建的最基本目的在于碳减排，所以需要保证碳市

场能够有效实现国家、地区与企业层面的减排指标，而市场的有效性及其运作效率是影响其减排能力的重要因素。因此，为保证碳交易市场的减排能力，可以从完善配额分配制度、健全市场监测与核查制度等方面入手。除自 2013 年起运行的试点碳市场外，全国碳市场于 2021 年 7 月 16 日正式启动上线。全国统一碳市场是落实碳达峰碳中和目标的重要政策工具，是推动绿色低碳发展的重要引擎。全国碳市场第一个履约周期共纳入发电行业重点排放单位 2162 家，年覆盖二氧化碳排放量约 45 亿吨，成为全球覆盖排放量规模最大的碳市场[①]。虽然初期阶段仅纳入电力行业，随着全国碳市场逐渐发展，逐步纳入高污染、高排放的石化、化工、建材、钢铁、有色、造纸和航空等行业，随后再纳入农业、商业等行业，以实现渐进式的覆盖模式。另外，结合试点碳市场的分配原则，对控排企业采用祖父原则和行业基准相结合的模式，从配额免费发放逐步过渡到"免费为主，拍卖为辅"，再到"拍卖为主，免费为辅"，最后到 100% 公开拍卖的模式发售碳配额，以规避寻租行为。而相关的 CCER 抵消机制也将随着全国碳市场机制的完善逐步纳入统一碳市场。

在监测与核查制度方面需要明确的是，在中国试点碳市场运行过程中，由于第三方很大程度上仍与控排企业相关联，导致了企业数据造假等信息不对称问题的出现。因此，须建立健全第三方的认证制度，形成严格的资质标准，培育第三方市场，并加强其内部控制和外部监管。

二、把握碳价和经济结构调整的动态关联机制

通过碳交易体系促进经济结构转型升级的前提是掌握碳价和经济结构调整的动态关联机制，虽然碳市场能够促进碳脱钩和经济结构调整，但具体来说，其作用路径存在差异，如对产业结构、能源结构与投资结构等因素的影响渠道并非完全相同。这说明碳交易体系的作用机制是一

---

① www.gov.cn/xinwen/2022–07/28/content_5703190.htm。

个相对复杂的系统过程，一方面需要构建完整的理论模型，进行系统的分析；另一方面也要采用实证方法判断路径的有效性。在明确这些动态关联的同时，还需要区分在不同经济周期下的关联特征，如在经济萧条期和经济繁荣期具有不同的作用机制，因此须确定在现阶段新常态经济增长模式下碳价的作用效果，其调控碳市场的制度安排应该随着经济增长方式的转变而改变。

三、提高碳交易体系定价的市场效率

本书的研究表明，配额稀缺性决定碳权配额价格的基础，进一步探究配额的稀缺程度是由减排与经济发展现状要求的，二者是影响碳价形成的主要因素。因此，若想使碳价反映出二者的需求，则需要提高碳交易体系定价的市场效率。其可以从提升市场有效性、缓解配额供给过量、降低经济波动等方面提升碳定价效率。具体来说，一方面，在配额制定时，需要综合考虑各地区社会经济发展水平的差异，特别是不同地区不同行业的差异，避免出现因主管机构担忧过少的配额限制企业发展而导致配额供给过量；另一方面，中国各试点碳市场的碳配额是以该地区的碳强度为基础而设定的总量配额，相较 EU ETS 的固定总量配额，更考虑了经济发展的不确定性，但是基于碳强度设定配额也就可能导致配额发放过剩，这会使得碳市场不能够有效发挥其减排作用。因此，政府须灵活处理剩余配额，防止因配额发放过多而导致碳价低迷。例如，对于已经发放给控排企业的配额，可以在下一期扣除多余的配额量；对于在政府手中的预留配额，即还未发放给控排企业的配额，可以采取注销的方式。

四、提升市场化手段调节力度

流动性是市场发挥价格发展功能的保障。本书通过对碳交易试点市场面临的流动性枯竭现象进行分析，发现碳市场流动性受自身影响较小，而受市场价格影响较大。因此，政府须完善碳市场制度设计，在保证市场稳定运行的基础上，进一步提高市场化调节力度，减少政府的过度干预；合理运用价格管理措施，促使控排企业将交易分散到平时。通过设立动态价格上下限与弹性抵消机制等动态调整机制，有效解决碳市场流动性困境，进而实现碳市场的作用机制。

五、加强培育碳交易体系市场需求

由于目前碳市场仅限于现货交易，控排企业对于风险的规避导致配额的交易不够积极。现阶段，对于期货、期权与互换交易等金融衍生品交易的缺失主要是由于碳市场仍处于发展的初步阶段，碳市场的构建仍以控排企业减排为主，同时稳定市场以减少套利行为。但由于控排企业对于配额交易不确定性的担忧会导致碳市场流动性降低，因此，适时引入部分相关衍生品交易，能够提升市场流动性和碳价格的发现功能；同时，引入境外投资者，促使银行、保险与基金等参与碳权交易，也有助于碳市场形成有效价格。另外，一方面，应逐渐放宽市场准入标准，通过增加个人与机构投资者可购买的配额数量，活跃碳交易市场，增加其流动性，从而促使市场形成有效碳价格；另一方面，应加强参与主体对碳交易的认识，了解碳金融与其他金融产品的共性和特性。

第三节　研究展望

本书在写作过程中虽然取得了一定的进展，但由于理论基础、研究时间等因素的限制，研究仍不够完善，还存在待解决的问题。其一，对于碳价格区间的测算仅依赖于非径向方向性距离函数下的碳排放影子价格，即碳价上限，而没有构建足够完整的碳定价理论模型，进而对碳价下限进行测算；同时，碳排放影子价格的测算虽然引入了不同时间、不同因素，但没有引入不同的方法进行测度，且由于中国经济发展水平等因素的变动,本书所测算的碳排放影子价格仅能够为短期碳价格的上限的确定提供参考,而不能明确长期碳市场运行规律,这需要考虑地区经济发展差异、市场演变等因素,不断更新现有研究。其二,本书采用不同方法对各地区经济发展与碳排放水平进行分析,并探究了试点碳交易市场的特性,研究了区域碳市场连接基础。但本书对于如何进行全国碳市场与区域碳市场的有效连接以及碳价不同可能导致的套利行为并没有进行详细的论述和研究。其三,受制于样本数据的可得性,在进行 DiD 模型、SPDiD 模型、VAR – BEKK – GARCH 模型与 PVAR 等模型的构建时可能出现参数的不稳定性。

针对研究的缺陷与国内外现有研究的发展,本书还存在进一步研究的方向,进而明确满足减排与经济发展要求的碳权配额价格。笔者认为未来可以从以下三个方面进一步展开研究。

一、构建碳定价的完整体系

本书的研究仅从理论角度明确了碳价的区间,并根据"十三五"规划中国经济发展需要以及碳强度下降指标、能源强度下降指标的需求进行碳价上限的测算,但这一结果只能在短期内给予政策制定者部分参考。随着中国碳强度控制指标向总量控制指标的转换、全国碳交易市场的建立和运行,满足长期内减排与经济发展需要的理论体系有待进一步探索。未来研究可从微观控排主体与宏观地区所需相结合,在实现帕累托最优的假设下,满足经济发展和减排两个方面的需要下,推导得出完整的碳定价体系。

二、区域碳市场的连接机制

一方面,随着全国统一碳交易市场的建立,现阶段试点碳市场仍在有效运行,但全国碳市场与区域碳市场的连接是中国碳交易发展的必然趋势;另一方面,由于不同国家均构建了满足自身需要的碳交易体系,但为实现全球碳减排目标，这些碳交易体系在未来也会逐步进行连接，进而建立全球性碳市场。在这两个目标下，不同区域的碳价差异是市场连接的最大困境。因此，探究如何解决碳价转换问题是本书下一步研究的方向。

三、现有研究数据和研究对象的进一步扩展

本书对于碳排放影子价格的测算是基于年度数据，而碳市场交易价格是基于日度数据，这就导致研究的结论与实践存在延迟性，因此未来的研究可考虑混频数据。另外，碳交易体系作为碳金融乃至金融业发展的组成部分，与整个经济系统的运行密切相关，因此未来的研究需要更加系统地考虑碳价格在整个经济系统中的作用，并将政策性因素与市场机制密切结合，探究碳价运行的长期规律，进而提出相应的政策建议。

参 考 文 献

[1] 陈波：《中国碳排放权交易市场的构建及宏观调控研究》，载《中国人口·资源与环境》2013年第11期。

[2] 陈柳钦：《低碳经济：国外发展的动向及中国的选择》，载《甘肃行政学院学报》2009年第6期。

[3] 陈诗一：《工业二氧化碳的影子价格：参数化和非参数化方法》，载《世界经济》2010年第8期。

[4] 陈欣、刘明、刘延：《碳交易价格的驱动因素与结构性断点——基于中国七个碳交易试点的实证研究》，载《经济问题》2016年第11期。

[5] 崔连标、范英、朱磊，等：《碳排放交易对实现我国"十二五"减排目标的成本节约效应研究》，载《中国管理科学》2013年第1期。

[6] 窦育民、李富有：《环境污染物的影子价格：一种新的参数化度量方法》，载《统计与决策》2012年第19期。

[7] 杜莉、李博：《利用碳金融体系推动产业结构的调整和升级》，载《经济学家》2012年第6期。

[8] 杜莉、王利、张云：《碳金融交易风险：度量与防控》，载《经济管理》2014年第4期。

[9] 范进、赵定涛、洪进：《消费排放权交易对消费者选择行为的影响——源自实验经济学的证据》，载《中国工业经济》2012年第3期。

[10] 范庆泉、周县华、刘净然：《碳强度的双重红利：环境质量

改善与经济持续增长》，载《中国人口·资源与环境》2015 年第 6 期。

[11] 傅京燕、冯会芳：《碳价冲击对我国制造业发展的影响分析——基于分行业面板数据的实证研究》，载《产经评论》2015 年第 1 期。

[12] 高杨、李健：《基于 EMD - PS0 - SVM 误差校正模型的国际碳金融市场价格预测》，载《中国人口·资源与环境》2014 年第 6 期。

[13] 郭辉、郇志坚：《EUA 和 sCER 碳排放期货市场互动关系及溢出效应研究》，载《统计与决策》2012 年第 15 期。

[14] 郭文军：《中国区域碳排放权价格影响因素的研究——基于自适应 Lasso 方法》，载《中国人口·资源与环境》2015 年第 5 期。

[15] 海小辉、杨宝臣：《欧盟排放交易体系与化石能源市场动态关系研究》，载《资源科学》2014 年第 7 期。

[16] 何枫、陈荣、何林：《我国资本存量的估算及其相关分析》，载《经济学家》2003 年第 5 期。

[17] 侯赟慧、刘志彪、岳中刚：《长三角区域经济一体化进程的社会网络分析》，载《中国软科学》2009 年第 12 期。

[18] 胡根华、吴恒煜、邱甲贤：《碳排放权市场结构相依特征研究：规则藤方法》，载《中国人口·资源与环境》2015 年第 5 期。

[19] 郇志坚、陈锐：《碳排放权市场价格发现功能的实证分析》，载《上海金融》2011 年第 7 期。

[20] 黄明皓、李永宁、肖翔：《国际碳排放交易市场的有效性研究——基于 CER 期货市场的价格发现和联动效应分析》，载《财贸经济》2010 年第 11 期。

[21] 李继峰、张沁、张亚雄，等：《碳市场对中国行业竞争力的影响及政策建议》，载《中国人口·资源与环境》2013 年第 3 期。

[22] 李敬、陈澍、万广华，等：《中国区域经济增长的空间关联及其解释——基于网络分析方法》，载《经济研究》2014 年第 11 期。

[23] 李瑞红：《对我国发展碳金融的几点思考》，载《开放导报》2010 年第 3 期。

［24］林光平、龙志和、吴梅：《我国地区经济收敛的空间计量实证分析：1978～2002 年》，载《经济学（季刊）》2005 年第 S1 期。

［25］刘华军、何礼伟：《中国省际经济增长的空间关联网络结构——基于非线性 Granger 因果检验方法的再考察》，载《财经研究》2016 年第 2 期。

［26］刘华军、刘传明、孙亚男：《中国能源消费的空间关联网络结构特征及其效应研究》，载《中国工业经济》2015 年第 5 期。

［27］刘纪显、谢赛赛：《欧盟 EUA 与 CER 两个市场之间的溢出效应研究》，载《华南师范大学学报（社会科学版）》2014 年第 1 期。

［28］刘力臻：《碳交易的治污价值、机理及碳交易市场的顶层设计》，载《社会科学辑刊》2014 年第 6 期。

［29］刘明磊、朱磊、范英：《我国省级碳排放绩效评价及边际减排成本估计：基于非参数距离函数方法》，载《中国软科学》2011 年第 3 期。

［30］刘竹、耿涌、薛冰，等：《中国低碳试点省份经济增长与碳排放关系研究》，载《资源科学》2011 年第 4 期。

［31］马艳艳、王诗苑、孙玉涛：《基于供求关系的中国碳交易价格决定机制研究》，载《大连理工大学学报（社会科学版）》2013 年第 3 期。

［32］牛玉静、陈文颖、吴宗鑫：《全球多区域 CGE 模型的构建及碳泄漏问题模拟分析》，载《数量经济技术经济研究》2012 年第 11 期。

［33］潘素昆、袁然：《不同投资动机 OFDI 促进产业升级的理论与实证研究》，载《经济学家》2014 年第 9 期。

［34］潘文卿：《中国的区域关联与经济增长的空间溢出效应》，载《经济研究》2012 年第 1 期。

［35］逢锦聚：《我国碳金融交易的几个基本理论问题》，载《经济学家》2012 年第 11 期。

［36］彭佳雯、黄贤金、钟太洋，等：《中国经济增长与能源碳排放的脱钩研究》，载《资源科学》2011 年第 4 期。

［37］齐晔、张希良：《中国低碳发展报告（2015～2016)》，社会科学文献出版社 2016 年版。

［38］单豪杰：《中国资本存量 K 的再估算：1952～2006 年》，载《数量经济技术经济研究》2008 年第 10 期。

［39］邵敏、包群：《出口企业转型对中国劳动力就业与工资的影响：基于倾向评分匹配估计的经验分析》，载《世界经济》2011 年第 6 期。

［40］宋德勇、徐安：《中国城镇碳排放的区域差异和影响因素》，载《中国人口·资源与环境》2011 年第 11 期。

［41］孙睿、况丹、常冬勤：《碳交易的"能源—经济—环境"影响及碳价合理区间测算》，载《中国人口·资源与环境》2014 年第 7 期。

［42］唐齐鸣、刘亚清：《市场分割下 A、B 股成交量、收益率与波动率之间关系的 SVAR 分析》，载《金融研究》2008 年第 2 期。

［43］涂正革：《工业二氧化硫排放的影子价格：一个新的分析框架》，载《经济学（季刊)》2009 年第 1 期。

［44］汪文隽、周婉云、李瑾，等：《中国碳市场波动溢出效应研究》，载《中国人口·资源与环境》2016 年第 12 期。

［45］王白羽、张国林：《"此市场"是否解决"彼市场"的失灵？——对"碳市场"发展的再思考》，载《经济社会体制比较》2014 年第 1 期。

［46］王兵、刘光天：《节能减排与中国绿色经济增长——基于全要素生产率的视角》，载《中国工业经济》2015 年第 5 期。

［47］王春宝、陈迅：《技术进步、经济结构调整与能源强度收敛性》，载《山西财经大学学报》2017 年第 4 期。

［48］王连芬、戴裕杰：《中国各省环境效率及环境效率幻觉分析》，载《中国人口·资源与环境》2017 年第 2 期。

［49］王倩、高翠云：《公平和效率维度下中国省际碳权分配原则分析》，载《中国人口·资源与环境》2016 年第 7 期。

［50］王倩、高翠云：《我国碳市场的流动性困境问题》，载《财经

科学》2017 年第 9 期。

[51] 王倩、高翠云：《中国试点碳市场间的溢出效应研究——基于六元 VAR – GARCH – BEKK 模型与社会网络分析法》，载《武汉大学学报（哲学社会科学版)》2016 年第 6 期。

[52] 王倩、郝俊赫、高小天：《碳交易制度的先决问题与中国的选择》，载《当代经济研究》2013 年第 4 期。

[53] 王倩、何少琛：《中日碳排放库兹涅茨曲线对比研究》，载《社会科学辑刊》2015 年第 5 期。

[54] 王倩、李通、王译兴：《中国碳金融的发展策略与路径分析》，载《社会科学辑刊》2010 年第 3 期。

[55] 王倩、路京京：《人民币汇率冲击中国碳价的非对称效应——基于马尔科夫转换模型的实证研究》，载《吉林大学社会科学学报》2017 年第 6 期。

[56] 王倩、路京京：《中国碳配额价格影响因素的区域性差异》，载《浙江学刊》2015 年第 4 期。

[57] 魏楚：《中国城市 CO_2 边际减排成本及其影响因素》，载《世界经济》2014 年第 7 期。

[58] 魏一鸣、刘兰翠、范英，等：《中国能源报告 2008：碳排放研究》，科学出版社 2008 年版。

[59] 吴恒煜、胡根华：《国际碳排放权市场动态相依性分析及风险测度：基于 Copula – GARCH 模型》，载《数理统计与管理》2014 年第 5 期。

[60] 吴恒煜、胡根华、秦嗣毅，等：《国际碳排市场动态效应研究：基于 ECX CER 市场》，载《山西财经大学学报》2011 年第 9 期。

[61] 吴贤荣、张俊飚、程文能：《中国种植业低碳生产效率及碳减排成本研究》，载《环境经济研究》2017 年第 1 期。

[62] 吴英姿、闻岳春：《中国工业绿色生产率、减排绩效与减排成本》，载《科研管理》2013 年第 2 期。

[63] 吴振信、万埠磊、王书平，等：《欧盟碳价波动的结构突变

特性检验》,载《数理统计与管理》2015 年第 6 期。

[64] 熊正德、韩丽君:《金融市场间波动溢出效应研究——GC - MSV 模型及其应用》,载《中国管理科学》2013 年第 2 期。

[65] 徐瑶:《马克思商品理论下的碳排放交易研究》,载《中国经济问题》2016 年第 1 期。

[66] 杨骞、刘华军:《中国二氧化碳排放的区域差异分解及影响因素——基于 1995 ~ 2009 年省际面板数据的研究》,载《数量经济技术经济研究》2012 年第 5 期。

[67] 姚云飞、梁巧梅、魏一鸣:《国际能源价格波动对中国边际减排成本的影响:基于 CEEPA 模型的分析》,载《中国软科学》2012 年第 2 期。

[68] 叶斌、唐杰、陆强:《碳排放影子价格模型——以深圳市电力行业为例》,载《中国人口·资源与环境》2012 年第 11 期。

[69] 尹力、梅凤乔:《碳排放交易体系对高耗能行业的短期经济影响——以湖北省为例》,载《四川师范大学学报(自然科学版)》2016 年第 3 期。

[70] 张晨、彭婷、刘宇佳:《基于 GARCH - 分形布朗运动模型的碳期权定价研究》,载《合肥工业大学学报(自然科学版)》2015 年第 11 期。

[71] 张军、吴桂英、张吉鹏:《中国省际物质资本存量估算:1952 ~ 2000》,载《经济研究》2004 年第 10 期。

[72] 张秋莉、杨超、门明:《国际碳市场与能源市场动态相依关系研究与启示》,载《经济评论》2012 年第 5 期。

[73] 张新华、陈敏、叶泽:《考虑碳价下限的发电商 CCS 投资策略与政策分析》,载《管理工程学报》2016 年第 2 期。

[74] 张新华、叶泽、李薇:《价格与技术不确定条件下的发电商碳捕获投资模型及分析》,载《管理工程学报》2012 年第 3 期。

[75] 张跃军、魏一鸣:《化石能源市场对国际碳市场的动态影响实证研究》,载《管理评论》2010 年第 6 期。

［76］赵振全、薛丰慧：《股票市场交易量与收益率动态影响关系的计量检验：国内与国际股票市场比较分析》，载《世界经济》2005 年第 11 期。

［77］郑蕾、唐志鹏、刘毅：《中国投资引致碳排放与经济增长的空间特征及脱钩测度》，载《资源科学》2015 年第 12 期。

［78］钟世和、曾小春：《碳排放权价格对我国能源价格及物价波动的影响研究》，载《西北大学学报（哲学社会科学版）》2014 年第 6 期。

［79］朱帮助、王平、魏一鸣：《基于 EMD 的碳市场价格影响因素多尺度分析》，载《经济学动态》2012 年第 6 期。

［80］邹亚生、魏薇：《碳排放核证减排量（CER）现货价格影响因素研究》，载《金融研究》2013 年第 10 期。

［81］Aatola P, Ollikainen M, Toppinen A. Price Determination in the EU ETS Market: Theory and Econometric Analysis with Market Fundamentals. *Energy Economics*, Vol. 36, March 2013, pp. 380 – 395.

［82］Abadie A, Imbens G W. On the Failure of the Bootstrap for Matching Estimators. *Econometrica*, Vol. 76, No. 6, November 2008, pp. 1537 – 1557.

［83］Abrell J, Ndoye A, Zachmann G. Assessing the Impact of the EU ETS Using Firm Level Data. *Bruegel Working Paper*, 2011.

［84］Alberola E, Chevallier J, Chèze B. Price Drivers and Structural Breaks in European Carbon Prices 2005 – 2007. *Energy Policy*, Vol. 36, No. 2, February 2008, pp. 787 – 797.

［85］Amihud Y. Illiquidity and Stock Returns: Cross-Section and Time-Series Effects. *Journal of Financial Markets*, Vol. 5, No. 1, January 2002, pp. 31 – 56.

［86］Andreoni J, Levinson A. The Simple Analytics of the Environmental Kuznets Curve. *Journal of Public Economics*, Vol. 80, No. 2, May 2001, pp. 269 – 286.

[87] Arouri M E H, Jawadi F, Nguyen D K. Nonlinearities in Carbon Spot-Futures Price Relationships During Phase II of the EU ETS. *Economic Modelling*, Vol. 29, No. 3, May 2012, pp. 884 – 892.

[88] Bagehot W. The Only Game in Town. *Financial Analysts Journal*, Vol. 27, No. 2, March-April 1971, pp. 12 – 14.

[89] Bel G, Joseph S. Emission Abatement: Untangling the Impacts of the EU ETS and the Economic Crisis. *Energy Economics*, Vol. 27, May 2015, pp. 531 – 539.

[90] Bellenger M J, Herlihy A T. An Economic Approach to Environmental Indices. *Ecological Economics*, Vol. 68, No. 8 – 9, June 2009, pp. 2216 – 2223.

[91] Benz E, Hengelbrock J. Liquidity and Price Discovery in the European CO_2 Futures Market: An Intraday Analysis. *21st Australasian Finance and Banking Conference*, 2008.

[92] Benz E, Trück S. Modeling the Price Dynamics of CO_2 Emission Allowances. *Energy Economics*, Vol. 31, No. 1, January 2009, pp. 4 – 15.

[93] Boyd G A, Tolley G, Pang J. Plant Level Productivity, Efficiency, and Environmental Performance of the Container Glass Industry. *Environmental and Resource Economics*, Vol. 23, No. 1, September 2002, pp. 29 – 43.

[94] Bredin D, Muckley C. An Emerging Equilibrium in the EU Emissions Trading Scheme. *Energy Economics*, Vol. 33, No. 2, March 2011, pp. 353 – 362.

[95] Breeden D T. An Intertemporal Asset Pricing Model with Stochastic Consumption and Investment Opportunities. *Journal of Financial Economics*, Vol. 7, No. 3, September 1979, pp. 265 – 296.

[96] Bréchet T, Hritonenko N, Yatsenko Y. Adaptation and Mitigation in Long-Term Climate Policy. *Environmental and Resource Economics*, Vol. 55, No. 2, June 2013, pp. 217 – 243.

[97] Chen G M, Firth M, Rui O M. The Dynamic Relation Between Stock Returns, Trading Volume and Volatility. *The Financial Review*, Vol. 38, No. 3, August 2001, pp. 153 – 174.

[98] Chen S. What is the Potential Impact of a Taxation System Reform on Carbon Abatement and Industrial Growth in China? *Economic Systems*, Vol. 37, No. 3, September 2013, pp. 369 – 386.

[99] Chesney M, Taschini L. The Endogenous Price Dynamics of Emission Allowances and an Application to CO_2 Option Pricing. *Applied Mathematical Finance*, Vol. 19, No. 5, February 2012, pp. 447 – 475.

[100] Chevallier J. Carbon Futures and Macroeconomic Risk Factors: A View From the EU ETS. *Energy Economics*, Vol. 31, No. 4, July 2009, pp. 614 – 625.

[101] Choi Y, Zhang N, Zhou P. Efficiency and Abatement Costs of Energy-Related CO_2 Emissions in China: A Slacks-Based Efficiency Measure. *Applied Energy*, Vol. 98, October 2012, pp. 198 – 208.

[102] Chuang C C, Kuan C M, Lin H Y. Causality in Quantiles and Dynamic Stock Return-Volume Relations. *Journal of Banking & Finance*, Vol. 33, No. 7, July 2009, pp. 1351 – 1360.

[103] Clark P K. A Subordinated Stochastic Process Model with Finite Variance for Speculative Prices. *Econometrica*, Vol. 41, No. 1, January 1973, pp. 135 – 155.

[104] Coggins J S, Swinton J R. The Price of Pollution: A Dual Approach to Valuing SO_2 Allowances. *Journal of Environmental Economics and Management*, Vol. 30, No. 1, January 1996, pp. 58 – 72.

[105] Conrad C, Rittler D, Rotfuβ W. Modeling and Explaining the Dynamics of European Union Allowance Prices at High-Frequency. *Energy Economics*, Vol. 34, No. 1, January 2012, pp. 316 – 326.

[106] Convery F J, Redmond L. Market and Price Developments in the European Union Emissions Trading Scheme. *Review of Environmental Econom-*

ics and Policy, Vol. 1, No. 1, December 2007, pp. 88 – 111.

[107] Copeland T E. A Model of Asset Trading under the Assumption of Sequential Information Arrival. *Journal of Finance*, Vol. 31, January 1976, pp. 135 – 155.

[108] Creti A, Jouvet P A, Mignon V. Carbon Price Drivers: Phase I Versus Phase II Equilibrium? *Energy Economics*, Vol. 34, No. 1, January 2012, pp. 327 – 334.

[109] Cuesta R A, Lovell C A K, Zofío J L. Environmental Efficiency Measurement with Translog Distance Functions: A Parametric Approach. *Ecological Economics*, Vol. 68, No. 8, June 2009, pp. 2232 – 2242.

[110] Cui L B, Fan Y, Zhu L, et al. How Will the Emissions Trading Scheme Save Cost for Achieving China's 2020 Carbon Intensity Reduction Target? *Applied Energy*, Vol. 136, December 2014, pp. 1043 – 1052.

[111] Culbertson J M. The Term Structure of Interest Rates. *The Quarterly Journal of Economics*, Vol. 71, No. 4, August 1957, pp. 485 – 517.

[112] Daskalakis G, Psychoyios D, Markellos R N. Modeling CO_2 Emission Allowance Prices and Derivatives: Evidence from the European Trading Scheme. *Journal of Banking & Finance*, Vol. 33, No. 7, July 2009, pp. 1230 – 1241.

[113] Demailly D, Quirion P. European Emission Trading Scheme and Competitiveness: A Case Study on the Iron and Steel Industry. *Energy Economics*, Vol. 30, No. 4, July 2008, pp. 2009 – 2027.

[114] Dinda S. A Theoretical Basis for the Environmental Kuznets Curve. *Ecological Economics*, Vol. 53, No. 3, May 2005, pp. 403 – 413.

[115] Du L, Hanley A, Wei C. Marginal Abatement Costs of Carbon Dioxide Emissions in China: A Parametric Analysis. *Environmental and Resource Economics*, Vol. 61, No. 2, May 2015, pp. 191 – 216.

[116] Engle R F, Kroner K F. Multivariate Simultaneous Generalized ARCH. *Econometric Theory*, Vol. 11, No. 1, February 1995, pp. 122 –

150.

[117] Fama E F. *Foundations of Finance*. New York: Basic Books, 1976.

[118] Fan J H, Todorova N. Dynamics of China's Carbon Prices in the Pilot Trading Phase. *Applied Energy*, Vol. 208, December 2017, pp. 1452 – 1467.

[119] Frino A, Kruk J, Lepone A. Liquidity and Transaction Costs in the European Carbon Futures Market. *Journal of Derivatives & Hedge Funds*, Vol. 16, No. 2, August 2010, pp. 100 – 115.

[120] Färe R, Grosskopf S, Lovell C A K, et al. Derivation of Shadow Prices for Undesirable Outputs: A Distance Function Approach. *The Review of Economics and Statistics*, Vol. 75, No. 2, May 1993, pp. 374 – 380.

[121] Färe R, Grosskopf S, Noh D W, et al. Characteristics of a Polluting Technology: Theory and Practice. *Journal of Econometrics*, Vol. 126, No. 2, June 2005, pp. 469 – 492.

[122] Färe R, Grosskopf S. Directional Distance Functions and Slacks-Based Measures of Efficiency. *European Journal of Operational Research*, Vol. 200, No. 1, January 2010, pp. 320 – 322.

[123] Geman H, Yor M. Bessel Processes, Asian Options, and Perpetuities. *Mathematical Finance*, Vol. 3, No. 4, October 1993, pp. 349 – 375.

[124] Graichen V, Schumacher K, Matthes F C, et al. *Impacts of the EU Emissions Trading Scheme on the Industrial Competitiveness in Germany*. Berlin: German Federal Environment Agency, 2008.

[125] Gronwald M, Ketterer J, Trück S. The Relationship between Carbon, Commodity and Financial Markets: A Copula Analysis. *Economic Record*, Vol. 87, No. s1, September 2011, pp. 105 – 124.

[126] Grossman G M, Krueger A B. Environmental Impacts of a North

American Free Trade Agreement. *NBER Working Paper*, No. w3914, 1991.

［127］ Hailu A, Veeman T S. Environmentally Sensitive Productivity Analysis of the Canadian Pulp and Paper Industry, 1959 – 1994: An Input Distance Function Approach. *Journal of Environmental Economics and Management*, Vol. 40, No. 3, November 2000, pp. 251 – 274.

［128］ Harris L. *Liquidity, Trading Rules and Electronic Trading Systems*. New York: New York University Salomon Center, 1990.

［129］ Heckman J J, Ichimura H, Todd P E. Matching as an Econometric Evaluation Estimator: Evidence from Evaluating a Job Training Programme. *Review of Economic Studies*, Vol. 64, No. 4, February 1997, pp. 605 – 654.

［130］ Hintermann B. Allowance Price Drivers in the First Phase of the EU ETS. *Journal of Environmental Economics and Management*, Vol. 59, No. 1, January 2010, pp. 43 – 56.

［131］ Holtsmark B, Mæstad O. Emission Trading Under the Kyoto Protocol-Effects on Fossil Fuel Markets under Alternative Regimes. *Energy Policy*, Vol. 30, No. 3, February 2002, pp. 207 – 218.

［132］ Holtz-Eakin D, Newey W, Rosen H S. Estimating Vector Autoregressions with Panel Data. *Econometrica*, Vol. 56, No. 6, November 1988, pp. 1371 – 1395.

［133］ Howe J S, Madura J. The Impact of International Listings on Risk: Implications for Capital Market Integration. *Journal of Banking & Finance*, Vol. 14, No. 6, December 1990, pp. 1133 – 1142.

［134］ Ibikunle G, Gregoriou A, Pandit N. Liquidity Effects on Carbon Financial Instruments in the EU Emissions Trading Scheme: New Evidence from the Kyoto Commitment Phase. *SSRN Working Paper*, 2011.

［135］ Jaraite J, Di Maria C. Did the EU ETS Make A Difference? An Empirical Assessment Using Lithuanian Firm-level Data. *The Energy Journal*, Vol. 37, No. 1, 2016, pp. 1 – 23.

[136] John A, Pecchenino R. An Overlapping Generations Model of Growth and the Environment. *The Economic Journal*, Vol. 104, No. 427, November 1994, pp. 1393 – 1410.

[137] Jones L E, Manuelli R E. Endogenous Policy Choice: The Case of Pollution and Growth. *Review of Economic Dynamics*, Vol. 4, No. 2, April 2001, pp. 369 – 405.

[138] Keppler J H, Mansanet-Bataller M. Causalities between CO_2, Electricity, and Other Energy Variables During Phase I and Phase II of the EU ETS. *Energy Policy*, Vol. 38, No. 7, July 2010, pp. 3329 – 3341.

[139] Klemetsen M E, Rosendahl K E, Jakobsen A L. The Impacts of the EU ETS on Norwegian Plants' Environmental and Economic Performance. *Working Paper*, No. 3, 2016.

[140] Klepper G, Peterson S. The EU Emissions Trading Scheme Allowance Prices, Trade Flows and Competitiveness Effects. *Environmental Policy and Governance*, Vol. 14, No. 4, August 2004, pp. 201 – 218.

[141] Koch N, Fuss S, Grosjean G, et al. Causes of the EU ETS Price Drop: Recession, CDM, Renewable Policies or A Bit of Everything? – New Evidence. *Energy Policy*, Vol. 73, October 2014, pp. 676 – 685.

[142] Koopmans T C. Optimum Utilization of the Transportation System. *Econometrics*, Vol. 17, Septemper 1949, pp. 136 – 146.

[143] Laing T, Sato M, Grubb M, et al. The Effects and Side-effects of the EU Emissions Trading Scheme. *Wiley Interdisciplinary Reviews: Climate Change*, Vol. 5, No. 4, July 2014, pp. 509 – 519.

[144] Lee J D, Park J B, Kim T Y. Estimation of the Shadow Prices of Pollutants with Production/Environment Inefficiency Taken into Account: A Nonparametric Directional Distance Function Approach. *Journal of Environmental Management*, Vol. 64, No. 4, April 2002, pp. 365 – 375.

[145] Lee M, Zhang N. Technical Efficiency, Shadow Price of Carbon Dioxide Emissions, and Substitutability for Energy in the Chinese Manufac-

turing Industries. *Energy Economics*, Vol. 34, No. 5, September 2012, pp. 1492 – 1497.

[146] Lee M. Potential Cost Savings from Internal/External CO_2 Emissions Trading in the Korean Electric Power Industry. *Energy Policy*, Vol. 39, No. 10, October 2011, pp. 6162 – 6167.

[147] Lee M. The Shadow Price of Substitutable Sulfur in the US Electric Power Plant: A Distance Function Approach. *Journal of Environmental Management*, Vol. 77, No. 2, October 2005, pp. 104 – 110.

[148] Lee S, Oh D, Lee J. A New Approach to Measuring Shadow Price: Reconciling Engineering and Economic Perspectives. *Energy Economics*, Vol. 46, November 2014, pp. 66 – 77.

[149] Lintner J. The Valuation of Risk Assets and the Selection of Risky Investments in Stock Portfolios and Capital Budgets. *The Review of Economics and Statistics*, 1965, pp. 13 – 37.

[150] Liu H H, Chen Y C. A Study on the Volatility Spillovers, Long Memory Effects and Interactions between Carbon and Energy Markets: The Impacts of Extreme Weather. *Economic Modelling*, Vol. 35, September 2013, pp. 840 – 855.

[151] Liu J Y, Feng C. Marginal Abatement Costs of Carbon Dioxide Emissions and its Influencing Factors: A Global Perspective. *Journal of Cleaner Production*, Vol. 170, January 2018, pp. 1433 – 1450.

[152] Lopez R. The Environment as a Factor of Production: The Effects of Economic Growth and Trade Liberalization. *Journal of Environmental Economics and Management*, Vol. 27, No. 2, September 1994, pp. 163 – 184.

[153] Lund P. Impacts of EU Carbon Emission Trade Directive on Energy-intensive Industries-indicative Micro-economic Analyse. *Ecological Economics*, Vol. 63, No. 4, September 2007, pp. 799 – 806.

[154] Mansanet-Bataller M, Pardo A, Valor E. CO_2 Prices, Energy

and Weather. *The Energy Journal*, Vol. 28, No. 3, July 2006, pp. 73 – 92.

[155] Maradan D, Vassiliev A. Marginal Costs of Carbon Dioxide Abatement: Empirical Evidence from Cross-Country Analysis. *Swiss Journal of Economics & Stats*, Vol. 141, No. 3, February 2005, pp. 377 – 410.

[156] Marklund P O, Samakovlis E. What is Driving the Eu Burden-Sharing Agreement: Efficiency or Equity? *Journal of Environmental Management*, Vol. 85, No. 2, October 2007, pp. 317 – 329.

[157] Martin R, Muûls M, Wagner U J. The Impact of the EU ETS on Regulated Firms: What is the Evidence after Nine Years? *SSRN Working Paper*, 2014.

[158] Martin R, Muûls M, Wagner U J. The Impact of the European Union Emissions Trading Scheme on Regulated Firms: What is the Evidence after Ten Years? *Review of Environmental Economics and Policy*, Vol. 10, No. 1, December 2016, pp. 129 – 148.

[159] Matsushita K, Yamane F. Pollution from the Electric Power Sector in Japan and Efficient Pollution Reduction. *Energy Economics*, Vol. 34, No. 4, July 2012, pp. 1124 – 1130.

[160] McConnell K E. Income and the Demand for Environmental Quality. *Environment and Development Economics*, Vol. 2, No. 4, November 1997, pp. 383 – 399.

[161] Merton R C. An Analytic Derivation of the Efficient Portfolio Frontier. *Journal of Financial and Quantitative Analysis*, Vol. 7, No. 4, September 1972, pp. 1851 – 1872.

[162] Merton R C. An Intertemporal Capital Asset Pricing Model. *Econometrica*, Vol. 41, No. 5, February 1973, pp. 867 – 887.

[163] Merton R C. An Intertemporal Capital Asset Pricing Model. *Econometrica*, Vol. 41, No. 5, Septemper 1973, pp. 867 – 887.

[164] Merton R C. Lifetime Portfolio Selection under Uncertainty: The Continuous-time Case. *The review of Economics and Statistics*, Vol. 51, No.

3, August 1969, pp. 247 - 257.

[165] Mizrach B, Otsubo Y. The Market Microstructure of the European Climate Exchange. *Journal of Banking & Finance*, Vol. 39, February 2014, pp. 107 - 116.

[166] Murty M N, Kumar S, Dhavala K K. Measuring Environmental Efficiency of Industry: A Case Study of Thermal Power Generation in India. *Environmental and Resource Economics*, Vol. 38, No. 1, February 2007, pp. 31 - 50.

[167] Murty M N, Kumar S. Measuring the Cost of Environmentally Sustainable Industrial Development in India: A Distance Function Approach. *Environment and Development Economics*, Vol. 7, No. 3, February 2002, pp. 467 - 486.

[168] Nazifi F. Modelling the Price Spread Between EUA and CER Carbon Prices. *Energy Policy*, Vol. 56, May 2013, pp. 434 - 445.

[169] Oberndorfer U. EU Emission Allowances and the Stock Market: Evidence from the Electricity Industry. *Ecological Economics*, Vol. 68, No. 4, February 2009, pp. 1116 - 1126.

[170] Park H, Lim J. Valuation of Marginal CO_2 Abatement Options for Electric Power Plants in Korea. *Energy Policy*, Vol. 37, No. 5, May 2009, pp. 1834 - 1841.

[171] Parsons J E, Ellerman A D, Feilhauer S. Designing a US Market for CO_2. *Journal of Applied Corporate Finance*, Vol. 21, No. 1, March 2009, pp. 79 - 86.

[172] Pastor J T, Lovell C A K. A Global Malmquist Productivity Index. *Economics Letters*, Vol. 88, No. 2, August 2005, pp. 266 - 271.

[173] Peng J, Yu B Y, Liao H, et al. Marginal Abatement Costs of CO_2 Emissions in the Thermal Power Sector: A Regional Empirical Analysis from China. *Journal of Cleaner Production*, Vol. 171, January2018, pp. 163 - 174.

[174] Peng Y, Wenbo L, Shi C. The Margin Abatement Costs of CO_2 in Chinese Industrial Sectors. *Energy Procedia*, Vol. 14, 2012, pp. 1792 – 1797.

[175] Petrick S, Wagner U J. The Impact of Carbon Trading on Industry: Evidence From German Manufacturing Firms. *SSRN Working Paper*, 2014.

[176] Quadrelli R, Peterson S. The Energy-climate Challenge: Recent Trends in CO_2 Emissions from Fuel Combustion. *Energy Policy*, Vol. 35, No. 11, November 2007, pp. 5938 – 5952.

[177] Reig-Martínez E, Picazo-Tadeo A, Hernandez-Sancho F. The Calculation of Shadow Prices for Industrial Wastes Using Distance Functions: An Analysis for Spanish Ceramic Pavements Firms. *International Journal of Production Economics*, Vol. 69, No. 3, February 2001, pp. 277 – 285.

[178] Rezek J P, Campbell R C. Cost Estimates for Multiple Pollutants: A Maximum Entropy Approach. *Energy Economics*, Vol. 29, No. 3, May 2007, pp. 503 – 519.

[179] Ross S A. The Arbitrage Theory of Capital Asset Pricing. *Journal of Economic Theory*, Vol. 13, No. 3, December 1976, pp. 341 – 360.

[180] Sartor O. Carbon Leakage in the Primary Aluminium Sector: What Evidence after 6.5 Years of the EU ETS? *USAEE Working Paper*, No. 13 – 106, 2013.

[181] Seifert J, Uhrig-Homburg M, Wagner M. Dynamic Behavior of CO_2 Spot Prices. *Journal of Environmental Economics and Management*, Vol. 56, No. 2, September 2008, pp. 180 – 194.

[182] Sharpe W F. Capital Asset Prices: A Theory of Market Equilibrium Under Conditions of Risk. *The Journal of Finance*, Vol. 19, No. 3, September 1964, pp. 425 – 442.

[183] Sheinbaum C, Ruíz B J, Ozawa L. Energy Consumption and Related CO_2 Emissions in Five Latin American Countries: Changes from 1990

to 2006 and Perspectives. *Energy*, Vol. 36, No. 6, June 2011, pp. 3629 – 3638.

[184] Tapio P. Towards a Theory of Decoupling: Degrees of Decoupling in the EU and the Case of Road Traffic in Finland between 1970 and 2001. *Transport Policy*, Vol. 12, No. 2, March 2005, pp. 137 – 151.

[185] Tinbergen J. *Economic Policy: Principles and Design*. Amsterdam: North-holland Publishing Company, 1956.

[186] Vardanyan M, Noh D W. Approximating Pollution Abatement Costs Via Alternative Specifications of a Multi-output Production Technology: A Case of the US Electric Utility Industry. *Journal of Environmental Management*, Vol. 80, No. 2, July 2006, pp. 177 – 190.

[187] Wagner U J, Muûls M, Martin R, et al. The Causal Effects of the European Union Emissions Trading Scheme: Evidence from French Manufacturing Plants. *Fifth World Congress of Environmental and Resources Economists*, 2014.

[188] Wang Q, Cui Q, Zhou D, et al. Marginal Abatement Costs of Carbon Dioxide in China: A Nonparametric Analysis. *Energy Procedia*, Vol. 5, 2011, pp. 2316 – 2320.

[189] Wei C, Löschel A, Liu B. An Empirical Analysis of the CO_2 Shadow Price in Chinese Thermal Power Enterprises. *Energy Economics*, Vol. 40, November 2013, pp. 22 – 31.

[190] Wei C, Ni J, Du L. Regional Allocation of Carbon Dioxide Abatement in China. *China Economic Review*, Vol. 23, No. 3, September 2012, pp. 552 – 565.

[191] Yuan P, Liang W B, Cheng S. The Margin Abatement Costs of CO2 in Chinese Industrial Sectors. *Energy Procedia*, Vol. 14, 2012, pp. 1792 – 1797.

[192] Zhang Y J, Sun Y F. The Dynamic Volatility Spillover between European Carbon Trading Market and Fossil Energy Market. *Journal of Clean-*

er Production, Vol. 112, January 2016, pp. 2654 – 2663.

[193] Zhao X, Jiang G, Nie D, et al. How to Improve the Market Efficiency of Carbon Trading: A Perspective of China. *Renewable and Sustainable Energy Reviews*, Vol. 59, June 2016, pp. 1229 – 1245.